WHY SANTIAGO,

# 잊혀진 나를
# 찾아가는 길

:

김상국

잊혀진 나를 찾아 가는 길

# 서 문

　이 글을 쓰면서 더 나은 모습으로 변화 될 나의 삶을 상상하면서 내내 행복했다. 본인이 한 달여 동안 산티아고 800㎞를 오직 두 다리에만 의존하였다. 마치 원시인처럼 말이다. 걷는 그 시간은 나의 인생에 가장 유익했던 축복이었다. 이 길에서 나는 그동안 내가 선택한 유쾌한 즐거움을 풍성하게 느꼈다. 나도 모르게 갇힌 그 울타리(frame)를 벗어난 신선함과 해방감을 맛보았다. 게다가 물질문명의 물결 속 삶에서 편리함과 익숙함에 속아 점점 무기력해진 나의 몸과 마음을 새롭게 깨우쳐 준 감사의 길이었다. 하지만 자연과 함께 동화하면서 마음속으로 느끼고 생각했던 많은 상념(想念)을 글로 쏟아내기란 쉬운 일이 아니다.

　어느 날 이곳 산티아고 순례길은 갇힌 울타리(frame) 속에서 근심하며 얽매인 나를 불러내었다. 지금도 바람 소리와 이름 모를 새소리들의 합창, 잘 어우러져 흐르는 여울물 소리의 속삭임들이 사뭇 그리워진다. 내가 걷고 있었던 그 시간 그때가 가장 귀하고 즐거웠다. 추적추적 비를 맞고 하염없이 걸으면서 지난날들의 불행과 슬픔을 위로받는 그 시간이 다시 그리워진다. 나는 누구인가? 울타리 속, 문명의 이기로 만들어진 콘크리트 정글 속에서 살아가는 나의 모습이 '참'인가? 아니면 산티아고 산길을 걷고 있는 내 모습이 '나'인가? 나의 참(true)은 어떤 모습일까?

온 힘을 다해 올라갔던 첫 번째 피레네 산 위에서 나의 일그러진 '자아상'이 발견되었다. 또한 산모퉁이를 돌아갈 무렵 소리 없는 눈물이 나를 치유하는 가장 고귀한 시간이었다. 새벽부터 시작한 발걸음이 가도 가도 마을이 보이지 않았던 산길 속에서 불안감을 느낄 무렵, 한 작은 무인 가게를 발견하고 그렇게 큰 소리로 "감사합니다."라고 소리 질러본 것은 처음 있는 일이었다. 이처럼 콘크리트 광야에서 끝없이 방황하고, 타인의 눈치만 살피며 살았던 나를 이끌어 살린, 이 산티아고 800㎞의 순례길은 분명히 나를 치유하고 위로한 길이었다.

0.1톤인 나의 무거운 체중에 배낭을 메고 스페인의 강렬한 태양과 싸우며 앞으로 나갈 때 단 한 번도 지지 않았던 고마운 "나"에게 칭찬해 본다. 인내하고 걸었던 그 시간이 지금 너무 자랑스럽다. 우리는 문명의 편리함 때문에 활동해야 하는 최소 신체활동마저 제약받아 한국인 당뇨병 천오백만 시대에 와 있다. 그뿐만 아니라 자살률은 OECD 국가에서 일등을 차지한 지가 오래다. 그동안 무절제하게 먹고 편리함에 속았던 나 자신에게, 깊이 회개하는 기회의 과정에서 내게 이 길은 분명히 '나'를 새롭게 만든 길이 되었다.

하늘과 맞닿은 산티아고 대성당을 멀리서 바라보며 걷다가 문득, 새로운 생각에 잠긴다. 지나 온 들과 산, 작고 큰 마을, 여러 도시의 길에서 만난 사람들... 하룻밤을 청하며 지내 온 알베르게가 주마등처럼 마음속에 스치고 지나간다. 조금만 더 걸으면 목적지인 산티아고 성당에 도달한다. 마음 한

편으로 '난, 드디어 해냈어.'라는 강한 성취감이 내면으로부터 꿈틀거리고, 또 다른 한편으로 '잊어버린 나를 찾는 길이 되었을까?'라는 두 생각이 혼합 (mingling)되어 있다.

이 길을 걷다 보면 지구촌 여러 곳에서 온 순례자들이 다양한 모습으로 자신들의 인생을 요리하며 살아가고 있다는 사실을 알게 된다. 그들 모두가 현대 생활에 지친 자기 모습을 좀 더 치유하고 인간답게 살아가길 소망하지 않을까?

유럽에서 온 노인들과 만나면 "이 길은 힘을 얻는다."라고 말한다. 그렇게 말한 그분들은 이미 10년째 이곳을 연례행사처럼 방문한단다. 무엇이 그들을 이 길에 중독되게 했을까? 800㎞를 걸어오면서 나는 새로운 희망을 발견했다. 걷기는 누구나 할 수 있는 실천이다. 어제는 지나간 날이지만 오늘은 내가 만들어 가는 날이다. 또한, 다가오는 내일은 꿈을 품고 희망을 품을 수 있는 날이다. 지금부터 걷기를 통해 더 나은 나의 삶을 잘 가꾸어 나가자.

# 차 례

## chapter 1

나 서 보 자

나서는 용기란 성공보다 더 중요하다.
한번 사는 인생(You Only Live Once),
꾸준히 시작하는 사람만이
무엇이든 해볼 수 있고,
자신만의 역사를 만들 수 있다.

# 나를 통해 나를 변화시켜 보자

　평생 자신의 나이만큼 새해를 맞이한다. 우리는 한 해를 보내면서 보람 있었던 일이나 감사했던 일 또는 후회스러웠던 일이 가슴에 남아있다. 그러나 다 지나간 일이다. "걱정말아요 그대" 라는 유행가 노래 중에 "지나간 것은 지나간 대로"란 가사처럼 지난 것에 대해 걱정은 전혀 살아가는 데 도움이 되지 않는다.

　현재란 모든 과거가 만든 산물이지만, 더 나은 내일을 꿈꾼다면 오늘을 통해 작은 변화와 성취감이 이어져 나가야 한다. 변화와 성취감은 자신이 흘린 작은 땀방울이 만들어 낸다는 사실을 잊지 말자.

톨스토이의 〈세 가지 질문〉이라는 단편 소설에서 "내 인생에 가장 중요한 시간은 언제인가?"라는 의미심장한 질문을 던진다. 그 질문의 답이 바로 "지금"이다. 왜 지금이 가장 중요할까?

오직 지금이야말로 마음대로 다룰 수 있는 시간이 되는 것이다. 지나간 시간이나 앞으로 다가올 미래에 대해 걱정한다고 문제가 해결되지 않기 때문이다. 미국 시인 롱펠로(Longfellow)는 이렇게 주장했다. "미래를 신뢰하지 말라, 죽은 과거는 묻어 버려라, 그리고 살아있는 현재에 행동하라."라고 강조한다.

이 글을 보는 독자들은 바로 지금(right now), 과거보다 또 다른 마음가짐으로 내일을 시작 해 보자. 오랫동안 코로나로 인해 소극적인 삶의 방향을 좀 더 적극적으로 시작해 보자. 건강하게 내일을 맞이하고 있다면, 축복의 잔을 들고 지금에 감사해 보자. 지금, 이 시각 더 나은 자신을 위해 나를 통해 나

를 발견하고 다짐하는 소중한 현재가 되었으면 한다. '지금'은 우리 인생을 좀 더 사랑하고 소중하게 생각해 보는 새로운 시작이 된다.

정년퇴직을 앞둔 어느 시점에서, 나의 삶의 모양이 한결같다는 느낌을 받았다. 한결같다는 사실은 나의 어제 삶의 모습이 오늘의 삶과 다름없게 인식되고 있을 때, 늦게 찾아온 우울증과 함께 새로운 상념(想念)에 빠져 있었다. 점점 몸과 마음이 더 피폐해져 가고 그 세월 속에서 무기력한 삶이 반복되었다.

우리들의 삶은 늘 어제보다 더 나은 오늘을 통해 내일의 활기를 얻는다. 땀 흘리며 쌓아온 작은 성취감들을 느끼며 살아왔던 나의 어제의 그 리듬이 자신도 모르는 사이에 단절되어 절망의 나락으로 떨어지려는 그 순간에 한 선배 교수로부터 '산티아고 순례길'의 경험담을 듣게 되었다. '산티아고'라는 그 길이 '희망의 씨앗'이 되어 나의 마음 밭에 움을 틔웠다.

"남자는 우울증이 없다."라고 생각하며 살아 왔지만, 남자들도 크고 작은 우울증에 시달리는 경우가 있다. 특히 준비되지 않은 퇴직에 대한 걱정은 누구에게나 불안한 마음과 함께 우울증 같은 증세로 나타나게 된다. 나는 항상 내일에 대한 일을 앞당겨 미리 처리하는 행동적 습관으로 인해 우울증에 빠져 있었다. 그 증세 중의 하나는 낮은 자존감이다. 본래의 자존감을 회복해야 한다는 마음의 결심을 한 후, 산티아고를 향해 준비하는 1년 동안 몸과 마음을 만들어 가기 시작했다. 걷기와 등산을 통해 체중을 10㎏ 감량하면서 체력을 만들었다.

산티아고로 가기 위해 상세한 준비를 마친 어느 봄 날, 마침내 나는 그곳으로 향했다. 정확히 1년 전에 '산티아고 800㎞ 트래킹 도전'에 대한 싹이 마음 밭에서 자라나더니 드디어 행동으로 실천하는 날이 다가왔다. 나는 배낭 속에 한 달 동안 최소한의 필요한 물건들을 넣고 파리로 향하는 비행기에 몸을 실었다. 이 책의 큰 주제는 28일간 산티아고 순례 길을 완등하면서 마음속에 품고 있었던 여러 가지 생각을 정리한 것이다.

자존감(self-esteem)은 정신적 삶의 질을 높이는 핵심이다. 건강한 자존 감은 우리의 삶을 더 풍요롭고, 만족하게 만든다. 현대인들은 세상의 물질에 관심이 많아 그곳으로 달려간다. 또한 수단과 방법을 가리지 않고 더 많이 가지려 하고 더 높이 오르려 한다. 그런데 올라가면 더 행복한 것일까?

필자가 스페인 800㎞ 순례 길을 걸으면서 여러 차례 높은 산을 오를 때마다 기후가 변화무쌍(變化無雙)하여 위태로움을 느꼈다. 세상살이와 자연의 이치가 동일하게 느껴졌다. 행복은 높이 오르고자 하는 세상의 잣대가 만들어주는 것이 아니라 어린아이처럼 순수한 그 마음에 담겨 있다.

그리스 철학자 디오게네스(Diogenes)에게 어느 날 알렉산드로스 대왕이 방문하였다. 대왕은 그의 소원을 들어준다고 하고, 디오게네스에게 요청했다. 마침 그때 그는 일광욕을 즐기고 있었다. 그는 이렇게 대답한다.

"대왕께서 나의 일광욕을 방해합니다." 햇빛을 가리지 말고 비켜주는 것이 나의 소원입니다."라고 대왕 앞에 당당하게 요청한 대범함이 오늘날까지 전해져 오고 있다. 이것이 바로 '디오게네스의 자존감'이다.

우리 몸을 하드웨어라고 한다면, 마음은 소프트웨어다. 우리 마음속에 자리한 자존감이란 자기를 아끼고, 소중하게 사랑하며, 존중하는 마음이다. 그렇다. 자신의 마음에 무엇을 심느냐가 바로 그 사람의 인격체가 되고, 그 속에서 자존감도 담겨있다. 사전적 자존감의 정의는 "자신이 사랑받을 만한 가치가 있는 소중한 존재이고, 어떤 성과를 이루어낼 만한 유능한 사람이라고 믿는 마음이다."라고 설명한다. 여러분이 자신에게 느끼는 신뢰수준을 말하는 것이다.

먼저 다른 사람을 사랑하기 전에 자신을 더 사랑해야 한다. 그래야 건강한 관계를 만들 수 있다. 자신의 마음이 건강하지 못하면, 인간관계에 문제가 발생된다. 이것은 관계 속에서 갈등을 야기할 수 있고 따라서 삶의 만족과 거리가 멀어지기도 한다.

개인심리학의 창시자 아들러(Alfred Adler)는 "모든 고민은 인간관계에서 비롯된다."라고 강조한다. 그는 행복해지기 위해서 '나의 과제와 남의 과제를 분리'하는 것이 중요하다고 지적한다. '과제 분리'란 인간관계에서 생긴 갈등이나 문제를 해결하는 방법이다. 그가 주장하는 과제 분리의 의미는 누구나가 갈등에서 벗어나 자유로운 상태를 만드는 방법적인 것을 말한다. 예를 들어 어떤 사람이 자신을 비난한다면 그 사람을 의식하지 말고, 그 사람의 일과 자신의 일을 분리하는 것이 '과제 분리'다.

몇 해 전에 〈미움받을 용기〉란 책이 우리나라 독자들에게 많이 읽혔다. 한 일본인 철학 교수와 인기 작가의 공동 저서로 아들러의 심리학을 바탕으로 실제의 물음에 답하는 형식으로 꾸며져 있다. 타인과의 불화나 갈등 요인은 과제를 분리함으로 타자에게 신경 쓰지 않고 자신의 과제에만 집중하라고 한다. 행복하게 살기 위해선 타자로부터 '미움받을 용기'도 필요하다는 의미다. 곰곰이 생각하면 설득력이 있다.

자존감이란 바로 자기 마음을 지키고 사랑하는 길이 된다. 이것은 마음의 근육과도 유사하게 여겨진다. 필자는 늘 학생들 앞에 자존감을 "마음의 근육이다."라고 표현한다. 이 말속에 자존감의 세 가지 축인 자기 효능감, 자기 조절, 자기 안전감 등이 함축되고 있기 때문이다. 우리 몸에 근육이 손실되면 걸어 다니는 '보행의 질'이 나빠지듯이, 마음의 근육이 약한 사람도 사람들과의 '관계의 질'을 낮아지게 만든다.

우리가 살아가면서 가장 소중한 존재가 바로 나 '자신'이라는 사실을 깨닫게 된다. 현재의 자기 모습도 어제가 만든 자기 작품이다. 특히 오늘의 건강한 모습은 그동안 자신이 만든 현주소다. 그것은 그 누구도 대신 못한다. 몸의 건강도, 마음의 건강도 스스로 잘 가꾸어 나가야 한다.

새날(new day)은 자신의 인생에서 단 한번 나타난다. 그 시간은 바로 나를 통해 나를 더 나답게 만들어가는 날이다. 어제는 지나갔다. 내일은 결코

잡을 수 없는 시간이다. 자신이 잡고 있는 것이 바로 지금 이 순간이 된다. 그러므로 지나간 어제나 아직도 잡지 못한 내일 보다는 오늘을 열심히 살아야 한다. 그러면 자신의 삶의 질이 더 풍요롭게 전개될 것이다.

오늘은 내일보다 중요한 날이 된다. 내일에 대한 염려나 걱정은 '마음의 건강'을 빼앗아 간다. 모 방송국 앵커맨은 방송 프로그램이 마칠 무렵에 항상 "여러분, 오늘은 분명히 어제보다 나을 것입니다."라는 말로 끝을 맺는다. 시청자들에게 힘이 되는 멘트다. 그렇다. 더 나은 오늘을 만들려면, 자신이 오늘 해야 할 일을 미루지 말아야 한다. 오늘의 작은 일이 축적되어 내일의 큰 산이 된다는 사실을 잊지 말아야 한다.

나는 보다 나은 나를 만들고자, 산티아고 800㎞를 실천하기 위해 프랑스 파리 비행기에 올랐다. 그동안 1년 정도 준비기간 거치며 체력 만들기, 반드시 필요한 물건 파악하기, 그리고 그곳에 도전한 여러 사람들을 통해 정보 수집을 해 나갔다.

*잊혀진 나를 찾아 가는 길*

# 파리에서 출발 지점까지

인천공항에서 사랑하는 아내와 손을 흔들며 파리행 비행기에 올랐다. 잠을 청하려고 눈을 감았는데 몇 시간 전에 헤어진 집사람이 그립다. 포도주 한 잔 더 마셔보려고 비행기 뒷편을 어슬렁거리다 우연히 기내에서 한국인 아내를 둔 프랑스인과 대화를 나누다 보니, 어느덧 비행기가 '파리 샤를 드 골(Charles De Gaulle) 국제공항'에 도착했다. 그는 피레네 산맥 근처 지방 경찰관인데 한국인에 대한 좋은 인상을 가지고 있었다. 공항에서 헤어질 때 그의 지방에 꼭 한번 놀러 오라고 전화번호까지 건네주었다.

공항에서 시내로 들어가는 지하철을 타고 몽파르나스(Montparnasse)역에 내려 미리 예약 해 둔 근처의 작은 호텔에 짐을 풀고, 곧장 택시를 타고 에펠 탑(Eiffel Tower)에 도착하니 점심때가 되었다. 필자는 청년 시절에 미

국, 캐나다, 영국, 프랑스를 약 두 달간 여행한 경험이 있었기 때문에 그 기억을 찾아 나선 것이다. 에펠 타워 레스토랑에서 커피와 함께 간단한 점심을 하면서 문득, 프랑스의 국민소설가 모파상이 이곳에서 매일 점심을 먹었다는 이야기가 기억이 났다. 내가 지금 앉아 있는 이 자리는 바로 아래 센 강이 흐르고 있고, 내 시야에는 시내 중심가가 한 눈에 들어온다. 좀 더 멀리로는 상제리에 거리와 개선문, 파리 시청, 노트르담 대성당도 보여 마음속에 안정감을 주는 곳이다.

점심을 먹은 후 개선문을 지나 조금 더 걷다가 택시를 이용해 몽마르트 언덕을 향했다. 오래 전 이곳에서 핀란드에서 온 한 소녀를 만났다. 태어나서 그렇게 파란 눈은 처음 보았다. 영화에서도 그렇게 아름다운 눈을 가진 여성을 볼 수 없었다. 그녀가 나를 향해 "Are you a Japanese?" 나는 즉시 No, I am a Korean. "이라고 대답하니, 그녀가 가지고 있던 영자신문을 건네주었다. 신문 첫 면에 '장영자 사건'이 수갑을 찬 사진과 함께 소개되었다. 이때가 바로 1982년도 5월 어느 날로 기억이 난다. 아무튼 몽마르트 성당 계단 앞에서 그녀가 사진을 찍자고하여 손을 잡고 사진을 찍었다. 그 당시 모든 사진은 아날로그라서 자신이 고국에 귀국하면 부쳐 준다고 하여 내 주소를 건네주었다. 아이러니 하게도 난 아직 그 사진을 받아보지 못했다.

몽마르트 언덕은 파리 2호선인 앙베르(Anvers)역에서 내리면 서울의 남산 보다 약간 작은

높이의 언덕길로 이어진다. 길 양옆으로 먹거리와 기념품을 파는 상가들이 즐비하다. 음악이 흐르고, 그림 그리는 사람들이 모이고, 낭만이 넘치는 문화거리다.

다음 날 사람들이 넘실거리는 파리를 멀리하고 번잡한 몽파르나시스역에서 TGV를 타고 바욘(Bayonne)에 도착하였다. 나는 역 광장 옆에 마련된 대형 버스에 올랐다. 그 버스는 지구촌 곳곳에서 모여든 사람들을 싣고 산티아고 '프랑스 루트'라고 불리는 출발지인 생장피에드포드(ST. Jean Pied de Port)로 향했다.

생장피에드포드는 피레네 산맥을 사이에 두고 있는 스페인의 국경지대이며, 산티아고 800㎞의 출발 지점이자, 나폴레옹이 스페인 침략할 때 사용한 길이라고 해서 일명 '나폴레옹 루트'라고도 한다.

비가 부슬 부슬 내린다. 오후 5시경 버스에서 내린 사람들이 순례 등록 사무소로 향했다. 이곳에서 모든 순례자는 등록을 마치게 되면 각 개인에게 '순례자 여권 (Credencial)'을 지급 한다. 가는 곳마다 숙소에서 이 여권 안에 확인도장을 찍어준다. 이를 근거로 산티아고의 최종 목적지까지 완주했다는 순례증명서를 받을 수 있다. 이 순례자 여권은 순례 길을 마칠 때까지 소중하게 취급해야 한다.

등록 사무소로부터 일정에 대한 안내와 각 지역의 숙소에 대한 정보지를 얻을 수 있다. 여기서 이야기하는 숙소란 군인 훈련소처럼 공동으로 잠을 청하는 곳이다. 이것을 알베르게(Albergue)라고 부른다. 이곳에서는 세탁과 샤워, 밥을 직접 요리할 수 있다.

나는 순례여권과 순례의 마스코트인 빨간 십자가가 표시된 조개껍질을 받아 배낭에 걸고 순례자의 기분을 내며 숙소로 돌아와 내일을 준비하며 짐을 풀었다.

이어 저녁을 해결하기 위해 식당으로 내려갔다. 식당엔 식탁마다 빨간 장미 송이가 각 테이블 위에서 순례자들을 반겨준다. 저녁 식사는 필그림 메뉴로 정하고 포도주 한잔을 마셨다. 독일에서 온 사람들과 일본에서 온 내 나이 정도 되는 분과 함께 800㎞ 도전의 성공을 위해 잔을 부딪쳤다.

순례자 여권

chapter **2**

적
응
해
보
자

적응은 삶의 핵심이 된다.
순례 길에서 적응 능력은
완주할 수 있는 여부를 결정한다.

# 인간은 왜 걷기를 열망하는가?

걷기는 인체의 약 400개의 근육을 깨운다. 걷는 동안에 손과 발 그리고 두 다리가 움직인다. 몸과 마음이 하나가 되고 혈액이 몸 전체에 잘 흐르게 한다. 걷기 운동은 최고의 예방약이다. 걷기 위한 시간을 갖지 못한 사람들은, 병을 찾아 시간을 소비하는 것과 유사하다. 걷기는 자기를 비우는 연습이다. 특히 여름철, 오르막길을 만나면 땀이 비 오듯 내린다. 그 비움은 또 하나의 채움의 길이 된다. 인간에게 걷기란 자연의 섭리다. 호모 사피엔스(Homo sapience)는 두 발에 의해 지금까지 문명이 이어져 왔다. 그러나 현대인들이 만들어 놓은 물질문명의 혜택으로 인간은 점점 두 발에 힘이 빠지기 시작했다.

나는 코로나가 시작되기 몇 년 전, 나를 찾고자 그 걷기에 도전했다. 태어나서 한 번도 시도해 보지 않았던 실험이었다. 한 달 이상 걸어야 하고, 비가 와도 멈추지 말아야 하는 '산티아고 800㎞ 순례길'이었다. 사람들은 이 길을 "세상에서 가장 아름다운 명상의 길"이라고 부른다. 지구촌 많은 도보 여행 자들의 로망이 되어버린 길이다. 도보 여행자의 버킷리스트에 올라있는 이 길은 영화와 다큐로도 많이 만들어졌고, 인터넷에 체험한 글이나 사진과 동 영상도 헤아릴 수 없이 많이 올라와 있다.

### 왜 수많은 사람들이 이 길을 열망할까?

현대사회는 획일화된 형식 속에서 의사결정을 하는데 속도가 빠르고 또 복잡하다. 무엇을 결정하려면 수많은 정보들이 필요하게 된다. 행동경제학 의 아버지라고 부르는 대니얼 카너먼(Daniel Kahneman)은 인간의 본능 속에는 '시스템 1'과 '시스템 2'가 존재한다고 주장하여 심리학자로서 최초 로 노벨 경제학상을 받은 인물이다.

인간의 뇌는 자동적이고 직관적으로 빨리 처리하여 결정하거나 판단하는 '시스템 1'이 있고, 의식적으로 숙고하여 느리게 처리하는 '시스템 2'가 작 동한다고 한다. 그는 사람들의 95%가 시스템 1에 의존하기 때문에 오류가 발생한다는 이론이다. 그리고 이 오류를 극소화하려면 '시스템 2'를 강화하 는 노력이 요구된다. '시스템 2'는 '시스템 1'과는 달리 에너지가 동원된다. 따라서 사람들은 어려움을 극복해야 하는 긴 순례길을 피하려고 한다. 하지 만 전 세계에서 이 길을 새롭게 도전하려는 사람들은 시스템 2를 강화하려 고 노력하는 사람처럼 보인다. 아무튼 산티아고 순례길은 '시스템 2'의 본능 처럼 느리고 힘이 들며 무척 인내해야 하는 곳이다.

필자는 몇 해 전에 정년을 앞둔 Y 대학교 교수 한 분으로부터 '스페인 산 티아고 800㎞ 순례길'을 완주한 이야기를 듣고, 나도 꼭 하고 싶다는 소망을 갖게 되었다. 마침 몇 년이 지난 후, 안식년을 맞아 그 기회가 찾아왔다. 그동안 준비한 체력을 확인하기 위해 세계에서 가장 유명한 800㎞의 긴 트레킹에 도전했다. 이곳에서 가장 놀라웠던 사실은 지구촌 곳곳에서 온 사람들 중 특히 독일, 프랑스, 이탈리아, 네덜란드, 덴마크, 스웨덴 등 유럽의 나라와 미국, 캐나다 등 선진국이라고 불리는 곳에서 찾아온 사람들이 주류를 이루고 있었다. 물론 이 길을 걷다 보면 한국인들도 많이 만나게 된다.

이 길은 프랑스 국경 생장 피에트 포르(Saint Jean Pied de port)에서 출발하여 산티아고 콤포스텔라(Santiago de Compostela)를 향하는 800㎞의 멀고 긴 여정이다. 인간이 만든 문명의 이기에 전혀 의존하지 않고, 오

직 두 발로 걸어야 한다. 물론 이 여정을 성공하려면 분명히 두 다리가 튼튼해야 가능하다. 이 길은 동쪽에서 시작하여 서쪽 땅 끝까지 한 방향으로 향하는 무척 긴 길이다. 아침 일찍 산길을 걷다 보면 자신의 그림자가 길게 뻗어 있고 정오가 지나면 그 그림자는 보이지 않는다.

이 길은 아름다운 곳도 많이 나타나지만, 지루하게 느껴지는 곳도 있다. 또 비가 오면 장화가 있어야 하는 최악의 길도 만난다. 물론 일기가 좋다면 그러한 상황을 피할 수 있다. 힘든 오르막길을 만나는 경우도 있고, 또 내리막길도 만나게 된다. 이 길은 인생살이처럼 희로애락이 공존하는 인내의 길이다. 전 세계에서 매년 30만 명이 넘는 사람들이 이 길을 걷는다. 산티아고 가는 길은 사색의 길이며, 순례자들의 삶과 깨달음이 녹아 있다. 자신이 누구인지, 왜 살아가는지를 찾는 자기 정

잊혀진 나를 찾아 가는 길

체성을 발견하는 길이다. 나는 직관적이고 빠른 결정자인가? 아니면 천천히 숙고하며 살아가는 인간일까?

나는 그 길, 나를 찾기 위한 그 길을 실천하기 위해 인천공항에서 파리 드골공항에 도착하여 파리 몽파르나스 역 부근에 작은 호텔에서 1박을 한 후 산티아고 순례길 출발지인 '생장피에드포르'로 향했다. 오전 10시에 파리 몽파르나스(Montparnasse) 역에서 TGV 타고 4시간 정도 지나서 바욘(Bayonne) 역에 도착했다. 다시 버스를 타고 40분 정도 지나서 산티아고 순례 출발지인 생장피에드포르에 도착했다.

오후 5시가 약간 넘어 도착한 생장피에드포르에는 전 세계에서 온 수많은 순례자들이 순례자 등록 사무소로 몰려왔다. 긴 줄이 형성되어 있는 사이에서 서로 눈인사를 나누었다. 그 사무소에서 드디어 순례자를 상징하는 조개껍질 한 개와 순례자여권(크레덴시알)을 발급받았다. 숙소 가까운 곳에서 저녁 식사를 마치고 알베르게(숙소: Albergue)에 돌아와 첫 밤을 청했다.

이 밤은 내 인생에서 잊을 수 없는 밤이었다. '설렘 반 두려움 반'의 긴 밤이다. 내일은 순례자 길에서 가장 험난한 산 피레네산맥을 넘어야 한다는 두려움과 산티아고 목적지에 성공한 모습을 상상하는 설렘이 교차되었지만, 해발 1,400미터라는 중압감이 설렘을 누르고 말았다. 그렇게 시작한 밤은 온전한 밤이 아니었다. 비몽사몽간에 보낸 너무 지루했던 밤이 그날 밤의 나의 또렷한 잠자리 모습이었다.

순례의 첫걸음을 알리는 새벽이 찾아왔다. 찌푸린 날씨가 발걸음을 무겁게 만들었다. 하지만 목적지에 안전하게 도착한 나의 모습을 상상하면서 산모퉁이를 지나가고 있었다. 현대인들이 소중한 시간을 내어 산티아고 순례

길을 걷는 이유는 단순히 종교심만은 아니다. 그 길에서 필자에게 비친 그들의 모습은 인간이 인간답게 살고 싶은 내면의 욕구다. 아마도 판에 박힌 일상을 탈출해서 자유롭게 걷고 싶은 갈망일 것이다. 그들은 빠른 것보다 느린 삶을 실천하고 싶은 강한 욕구 때문이 아닐까?

"새로운 시간 속에는 새로운 마음을 담아야 한다."

- 아우구스티누스 -

# 이 길을 완주할 수 있을까?

## 멀고, 험한 산티아고 800㎞ 걷기 도전!

스페인 산티아고 순례길은 여러 루트가 있다. 순례자들이 가장 많이 찾는 곳은 프랑스 국경을 출발하여 스페인 동쪽 예수님 제자 중 한 사람인 야고보의 시신이 안치해 있다는 스페인 동쪽 끝 산티아고까지다. 이 길은 동쪽에서 서쪽까지 직선으로 뻗어가며 한 방향으로 이어져 있다. 총 길이는 800㎞다. 이는 우리나라 서울에서 부산까지 왕복거리에 해당된다. 이 과정에서 많은 순례자들이 모두 성공하는 경험을 갖지 못한다. 그 이유는 무엇일까? 그리고 왜 많은 사람들은 중도 포기할까?

'행동 경제학'과 순례길 '행동'이 어떤 관계가 있는지 잘 관찰하며, '행동 경제학'에서 강조하는 인간의 두 본능 시스템에 대해 좀 더 탐구해 보자. 나는 앞의 글 속에 행동경제학의 대부 대니얼 카너먼(Denial Kahneman)이 언급한 인간의 두 가지 본능 시스템이 있다는 이야기를 했다. 하나는 '빠른 시스템(시스템 1)'이고 다른 하나는 '느린 시스템(시스템 2)'이라고 설명한 바 있다. 이 글을 읽으면서 자신은 어떤 유형인가 곰곰이 생각해 보았으면 한다. '시스템 1' or '시스템 2'?

장기간 트레킹 도전에 성공하려면 준비하는 기간과 마음의 자세에 따라 성공 여부가 달라진다. 이것은 매우 중요하다. 준비하는 동안에 자신의 체력과 정신력이 800㎞를 감당할 수 있도록 적절하게 맞추어져야(fitting) 한다. 필자가 카미노 과정 중에 자연스럽게 관찰된 사실은 중도 포기하는 사람들이 의외로 많다는 사실이다. 왜 그럴까? 하지만 많은 도전자들이 즉흥적인 감성에 의해 결정한 사실과 준비 기간이 너무 짧았다는 사실을 그들과 대화를 통해 알 수 있었다. 예를 들면, 독일인인 경우 독일의 한 유명한 코미디언이 쓴 책에 영향을 받아 많은 도전자들이 참여하는 경우가 의외로 많았다. 그리고 다른 여러 나라에서 온 참여자들은 주로 영화나 다큐를 보고 동기가 되었다고 고백했다.

또한, 그들이 스스로 판단하는 어림짐작과 편향(Heuristics & Bias), 과신(Overconfidence) 등은 수행능력을 방해하는 오류를 만든다. 준비 기간이 짧거나 소홀히 한 사람은, 대충 어림짐작이나 편향적 판단에 의존하여 오류를 만드는 경향이 높다. 또 자신의 정확한 체력 수준을 모르면 과신하는 경향이 나타난다. 이 점을 특히 주의해야 한다. 이러한 성향은 주로 '시스템 1'에 의한 직관적 판단이 작동한 결과다. 성공적인 장기 트래킹을 완성하려면 '숙고의 시간'이 길어야 한다는 말이다. 즉 '시스템 2'에 의존하여 세밀한 계획이 선행되어야 한다. 그러면 누구나 성공이 가능하다. 그리고 시행착오를 극소화하는 데 도움이 된다.

한 네덜란드에서 온 도전자는 10년 전에 이 길을 완주한 경험이 있었지만, 나이가 들어감에 따라 체력 준비를 소홀히 함으로 인해 중도 포기하게 되었다. 그는 부르고스(Burgos)까지 도착했지만 결국 자신의 나라로 귀국하고 말았다. 좀 더 세밀하지 못해 어림짐작과 자기 편향이 만든 결과다. 하지만 미국에서 온 제임스 목사는 종주에 완전히 성공한 분이다. 그는 무려 1년간 체력을 만들고 숙고의 시간을 가지고 참여한 70대 가까운 노인이었다. 무엇을 준비하거나 결정을 할 때 시행착오를 줄이기 위해 반드시 '느린 시스템'에 의존할 필요가 있다.

피레네
산모퉁이를
돌고 돌아
산위에 올라
비도 맞고,
우박도 내리고,
또 4월의 눈까지…

목적지에
도착하는 내 모습
상상하면서
두 발에 힘을 준다.

흘러내리는
땀방울을
닦으며
내 마음이 열리네.

피레네는
나를 향해
물처럼 살라 하네
카미노는 나에게
바람처럼 살라 하네.

적응해보자

피레에 산에서 만난 말

드디어, 순례의 역사가 시작되는 여명이 밝아오고 있다. 출발지인 프랑스 국경 마을 생장피에드포르(Saint Jean Pied de port: 줄여서 '생장'이라고 함)에 한 조용한 알베르게(Alberg: 숙소)에서 눈을 떴다. 시계는 새벽 4시 30분을 알리고 있었다. 알베르게에서 제공한 간단한 아침식사를 챙기고, 적당한 간식을 준비했다. 나의 첫 '도전의 발걸음'이 시작됐다. 이것은 내 삶에 최초의 도전이다.

피레네 산줄기에서 내려온 새벽 공기가 무척 신선하게 느껴졌다. 멀리서 닭 우는소리가 귓가에 스쳐 지나갔다. 마을 모퉁이를 지날 때 산티아고 길 방향을 알리는 '노란 화살표'가 처음 눈에 들어왔다. 가슴이 뭉클했다. 이 여정을 준비하는 과정에서 노랑 화살표의 중요성을 알고 있었기 때문이다. 이 것은 마치 생명줄과 같은 나침반이 된다. 걷다가 이 화살표가 보이지 않으면 늘 불안했다. 잠시 호흡을 고르면서 걸어온 길을 뒤돌아보고 있었다. 첫발을 내디딘 '생장'의 마을 풍경이 점점 시야에서 멀어지고 있었다.

산티아고 순례길에서 가장 처음 만나는 곳이 피레네산맥(1,429m)이다. 힘든 신고식이다. 쉬운 우회 도로도 있지만, 대부분의 순례자들은 피레네산맥을 넘어가는 나폴레옹 루트로 도전하고 싶어 한다. 이 피레네산 코스는 처음 '카미노'를 도전한 사람들에게 가장 기억에 남는 코스 중 하나다. 그러나 중간에 포기하고 우회 도로를 이용하는 사람들도 있다. 특히 눈이 많이 내리는 경우에 더 그렇다.

노란색 화살표를 항상 확인해야 한다.

카미노(Camino)란 스페인어로 길이란 말이다. 산티아고 가는 길(Camino de Santiago)이란 노란색 화살표와 함께 나타나는 안내판에서 쉽게 볼 수 있는 글이다. 순례자들 사이에 짧게 "부엔 카미노(Buen Camino)"라고 인사를 건넨다. 마음을 주고받는 인사다. 부엔 카미노는 트레킹 중에 가장 많이 말하고 듣는 인사다. 그렇다. '부엔 카미노'는 상대의 건강을 격려하고 완주하라는 '격려사'다. 짧은 인사지만 마음에 감동을 느끼게 만든다. 그 다음으로 자주 사용하는 인사는 "올라(Hola)" 영어로 헬로(Hello)나 하이(Hi) 같은 인사다.

산티아고까지 완주하려면 체력이 보통 수준인 사람은 32~34일간 계획하면 되지만, 체력이 좋은 사람은 26~28일 정도 걸린다. 물론 체력도 좋아야 하지만 마음의 근육도 잘 갖추어져야 한다. 출발하기 전에 늘 자신의 체력수준을 잘 점검하고 준비하는 지혜가 필요하다.

### 첫 번째 교훈을 피레네 산에서 얻다.

목이 마르고 힘이 들 무렵 이슬비 빗줄기마저 점점 굵게 느껴졌다. 지나가다가 비를 피할 겸 '오리손(Orisson) 산장' 1층 카페에 들렸다. 간단히 커피한 잔과 준비해 간 샌드위치로 시장기를 해결했다. 부슬부슬 오던 비가 더 거칠어져 판초를 꺼내어 입고 다시 출발했다. 산 고도가 높아질수록 빗줄기가 더 강해진다. 또 비와 함께 우박인지 눈인지 구별이 되지 않아 나의 시야를 더 흐리게 했다. 안경에 습기가 차올라 더욱 불편하게 느껴진다.

### 내 발걸음이 자동적으로 더 빨라지기 시작했다.

이 어려움을 빨리 극복하는 길은 숙소에 가장 먼저 도착하는 방법이라고 여겨지자 자동적으로 내 행동이 더 빨라졌다. 산 능선에서 만나는 사람들을 경쟁자라고 생각하니 자동적으로 내 걸음걸이가 더더욱 빨라진 것 같다. 게다가 스스로 자신을 향해 "난, 역시 체력이 좋아"라는 자신감 넘치는 교만까지 겹치어, 결국 자기감정에만 몰입된 오류가 발생되고 말았다. '숙고 시스템(시스템 2)'이 작용하지 못했다. 이러한 상황이 어림짐작으로 곧은 길로가야 한다는 편향적 사고로 인해 첫날부터 순례길의 오류를 만들고 말았다.

우박비와 가랑비 그리고 방향이 일정치 않은 세찬 바람을 뚫고 산언덕까지 올랐는데 스페인 국경 방향에서 우박 대신 눈이 내리고 있었다. 아주 짧은 시간 동안 다채로운 날씨를 경험했다. 산이 높을수록 화창한 날씨는 아주 짧다. 이 세상의 이치도 마찬가지다. 높이 올라갈수록 행복한 시간은 짧다. 높이 올라가려는 욕심에 대한 감정이 몰입되면 또 인생의 오류를 경험하게 된다.

큰 언덕을 건너오다가 노란 화살표에 의해 우회를 하는 작은 길로 가야 하는데 그냥 직진해 버린 것이다. 날씨도 점점 어두워지고 있었다. 다시 돌아갈까 생각하니 암담했다. 두려움이 엄습할 무렵, 구세주가 나타났다. 스페인 국경 넘어 트럭 한 대가 안갯속으로 천천히 다가오고 있었다. 나는 그 트럭 앞 도로에서 양손으로 도움을 요청했다.

"Necesito tu ayuda. Estoy perdido!"

다행히 그 스페인 농부의 도움으로 다시 길을 찾았다. 다른 사람들보다 빨리 출발했지만, 오후 6시가 넘어 첫 숙소인 론세스바예스(Roncesvalles)에 도착했다. 빨래도 하고 샤워도 하고나니 몸이 한결 가벼워졌다.

그날 잠자리를 청하기 전에 "지나친 욕심은 화를 낳게 된다."라는 것을 확실히 학습하는 계기가 되었다. 다른 사람들보다 빨리 도착해야 더 좋은 자리를 마련한다는 이기심이 더 큰 오류를 낳고 말았다. 더 이상 나는 '호모 사피엔스', 즉 합리적 인간이 아닌가 보다.

비전을 가지고 흘리는 땀은 더 나은 삶을 만들어 준다.

피레네산에서 만난 이 표시판을 반드시 확인해야 한다.

# 무엇을 위해 순례자가 되었는가

피레네산맥의 양떼들

어제의 어려움을 딛고 다시 일어났다. 신기하게도 몸이 새롭게 만들어진 것 같다. 뼈마디가 쑤시고 어깨에 통증이 심했는데 어제 피레네산맥이 만든 고단한 몸이 도망친 듯 사라졌다. 아마 숙잠 때문일 것이다. 숙잠(deep sleep)은 잠자는 동안 성장 호르몬을 방출하여 근육, 뼈 및 조직을 구축하고 복구하여 최상의 면역 체계가 만들어진다. 알베르게는 저녁 10시에 소등하기 때문에 언제나 숙면이 가능하다.

어제 저녁 식당에 들어갔을 때 이미 많은 순례자들이 여기저기 삼삼오오 모여 저녁을 즐기고 있었다. 모두 피레네산맥을 넘어온 무용담으로 꽃피운다. 이때가 가장 많은 친구를 만들 수 있는 기회이다. 선입견을 두지 않고 서로가 친구로 변한다. 이러한 현상은 피레네산맥을 넘어오는 과정에서 동병

상련 같은 느낌을 가졌기 때문일 것이다. 힘든 경험이 '순례의 정체성'을 만들어 낸다. 해병대 전우회처럼 힘든 과정은 더욱 하나가 되게 된다.

나는 룩셈부르크에서 온 신사 한 분과 독일에서 온 나이 든 의사와 함께 자리를 잡았다. 여기저기서 들려오는 소리를 들어 본다. 모두 피레네 산맥을 넘어온 자신의 활약에 대한 기쁨과 자랑으로 상기되었다. 누군가는 자기 감정에 도취되어 한껏 목소리를 높이기도 한다. 내 테이블에 동석한 이 두 분은 여러 차례 도전하는 분이라 대화 내용은 '참여 동기'에 대한 질문이었다. 영국 사람들이 늘 사용하는 속담 중에 "최고의 대화술은 듣는 것이다."라는 격언이 생각났다. 타인의 이야기를 잘 경청하면 더 지혜로워진다는 좋은 교훈이다.

첫날 하루 경험한 자신감이 지나치게 넘치게 되면 긴 여정에 오히려 방해가 된다. 즉, 카미노 과정에서 얻은 작은 성취감(성공)은 오히려 길고 긴 여정 속에 방해요소가 된다. 더 많이 남아있는 긴 일정을 준비하는 자기성찰이 필요하기 때문이다. 움트는 자만심이 더 앞으로 나아가고 싶은 충동을 불러 일으킨다. 그래서 절제의 부족과 체력의 안배라는 이성적 사고에서 멀어지게 되고, 간혹 작은 발목 부상이나 발바닥의 물집으로 인해 중도 포기해야 하는 처지에 놓이게 된다.

현대 마케팅 이론에 자주 나오는 용어 가운데 "이카루스 역설(Icarus Paradox)"이란 이야기가 있다. 간단히 설명하자면 "성공의 적(敵)은 성공이다."란 말이다. '이카루스'는 그리스 신화에 나오는 이야기다. 그는 아테네의 유명한 건축가 '다이달로스(Daedalus)'의 아들이다. 아버지가 미노스왕의 미궁(迷宮) '라지린토스'를 건축한 후, 탈출 방법을 흘렸다는 모함을 받아 아들과 함께 감옥에 갇히게 되었다.

아버지 다이달로스는 무고한 자신의 아들과 함께 탈출하기로 결심했다. 새털을 모아 밀랍(beeswax)을 이용해 날개를 만들었고, 그것을 이용해 아버지와 아들은 성공적으로 탈출했다. 탈출 바로 직전에 아들에게 '고도의 중요성'도 강조했다. 너무 낮으면 습기로 인해 날개가 무거워지고, 또 너무 높게 오르면 태양열에 의해 밀랍이 녹아버리니, "내 뒤만 따라오라."라고 경고했다. 하지만, 이카루스는 아버지의 소중한 충고를 가볍게 여기고 순간적인 탈출이라는 성공에 도취되어 잊어버렸다. 이카루스가 태양 가까이 높이 날아오르자 결국 밀랍이 녹아버려 추락하게 된 "성공이 오히려 독"이 된다는 역설적인 이야기다.

우리는 주관적인 자기감정의 몰입으로 인해 이성적인 시스템 즉 '숙고 시스템'이 고장이나 큰 오류를 범하게 된다는 이야기를 잘 기억해야 한다. 좀 더 살을 보태면 필자가 어릴 때 어머니께서 밭에 나가 감자 꽃을 사정없이 잘라버리는 것을 어릴 때는 이해를 못했다. 감자 꽃은 본질인 감자 알맹이의 굵기에 영향을 주기 때문이다. 작은 성취 경험을 빨리 지워 버리고, 더 큰 자기 비전을 향해 '숙고의 시간'을 보내야 한다.

순례의 본질적 목적은 자기성찰을 통해 더 나은 자신의 삶을 만들어 가는 것에 의의를 둔다. 만약 뜻하지 않은 일로 인해 단 한 번 시도한 순례길을 중도 포기한다면, 결국 시행착오를 만드는 오류를 낳게 될 것이다. 필자가 순례하는 과정에서 3명 중 두 명이 중도 하차한 이야기를 들었다. 행동 경제학의 대부 카너먼은 사람들의 95%가 시스템 1(빠른 시스템)에 의해 결정이나 판단하기 때문에 오류가 발생한다고 강조한다. 그럼 시스템 2(느린 시스템)를 강화하기 위해 어떤 숙고의 시간을 보내야 하는가?

간단한 아침을 마치고 다음 예정지로 출발했다. 등산화 끈을 조여 매면서 판단이나 결정으로 인한 오류를 줄이기 위한 숙고의 시간을 가져보기로 한다. 아직도 부슬부슬 비가 내리고 하늘은 회색 구름에 가려 있다. 오늘은 주비리(Zubiri) 작은 마을까지다. 어제의 교훈처럼 욕심을 내려놓기로 했다. 체력 안배를 위해 도움이 된다. 오후 2시경에 주비리에 도착하니 마을 사람들이 보이지 않는다. 지금은 스페인들이 즐기는 시에스타(Siesta: 낮잠) 시간이다. 이곳에서 대부분 순례자들이 그다음 마을로 향해 버린다. 그러면 그다음 알베르게인 팜플로나(Pamplona)를 지나치는 경우가 된다. 나는 인구 30만 정도의 대도시인 팜플로나에 호기심이 발동하여 주비리에서 머물렀다. 체력 안배도 필요했다.

이곳 주비리 마을에서 공립(municipal) 알베르게를 찾았는데 아직 문을 열지 않았다. 보통 공립 알베르게는 문을 3시 반이나 4시경에 연다. 그래서 다시 마을 입구에 있는 사설 알베르게의 문을 두드리니 주인 아주머니가 반갑게 맞아주었다.

숙소의 규모도 작고 시설이 좀 열악했지만 오히려 2유로 정도 비싸다. 이곳
에 짐을 풀고 마을 구경을 하러 이곳저곳에 둘러 보았다. 저녁에 알베르게를
돌아와 내일 준비를 하고 있을 때, 한 미국 신사가 다가왔다. 그는 미국 텍사
스에서 목회를 하다가 은퇴하고 1년 전부터 이곳을 도전하기 위해 준비했다
고 했다. 그날 우리는 동네 카페에서 네델란드인과 독일인, 그리고 제임스
목사와 이야기를 나누며 저녁을 함께 했다. 그다음 날 모두 같은 시간에 출
발하기로 하고 숙소로 돌아와 잠을 청했다.

주비리 마을 다리 위에서

카미노에서 3일째 맞는 날이다. 아직 1차 적응기라 익숙한 걸음걸이는 아
닌 것 같다. 주비리 마을에서 팜플로나까지 약 22㎞ 정도 되고 산으로 오르
내리는 길보단 물소리가 나는 작은 개울 근처로 걷는 오솔길이 많다. 다른
구간에 비해 짧은 거리라 심리적으로 부담은 없다. 출발지에서 약 3시간이
지난 후, 작은 마을을 지나가는데 첫날 만난 독일 의사가 조그마한 한 카페
에서 맥주를 마신다. 다시 만나서 "부엔 카미노"라고 인사를 나누다 먼저 가
라고 손을 흔든다. 제임스 목사와 함께 큰 도시 팜플로나(Pamplona)로 향
하고 있었다.

제임스 목사와 도시에 가까이 도착할 무렵 생뚱한 질문을 받았다. "Professor Kim, Are you a Christian?"이라고 묻는다. 난, 자동적으로 "Yes, I am." 또 질문을 한다. "Are you a born again christian?" 이 질문에도 망설임 없이 답하고 나서, "왜 그러한 질문을 하느냐?"라고 반문을 했다. 자기가 이 순례길에 좋은 사람을 만나게 해달라는 간절한 기도를 했는데, "그분이 바로 당신이군요."라고 했다. 나도 이 길을 완주해 달라는 기도와 역시 합당한 사람을 만나게 해 달라는 기도를 했다고 응수했다. 신앙에 관한 여러 질문을 하면서 어느 사이에 순례길 첫 번째 도시 팜플로나(Pamplona)에 도착했다.

주정부 알베르게에서 운영하는 곳에 짐을 풀고 샤워하고 나니 새로운 기운이 생겼다. 그날이 바로 내 생일날이었다. 제임스 목사와 독일인 의사 그리고 길에서 만난 한국에서 온 두 분 신사와 함께 포도주 한 병으로 알베르게 식탁에서 조촐한 생일 파티가 있었다.

Happy birthday to you.

Happy birthday to you.

Happy birthday to dear Sang Kim,

Happy birthday to you.

생일 노래는 다른 사람들에게 방해가 되어 조용히 흉내만 냈다. 생일 파티를 마치고 시내 구경을 했다. 성당 미사 구경도 제임스 목사와 같이 갔다. 제임스 목사는 가톨릭에 대한 반감보다도 성당 문화에 대해 이해하려고 노력하는 것 같아 보였다. 모처럼 사람들이 북적대는 시내는 활기가 넘쳐 보였다. 이곳은 매년 7월이면 성 페르민(San Fermin) 축제가 열리는 곳이다. 스페인의 대표적 축제인 황소 달리기가 유명한 곳이다. 또, 이곳은 헤밍웨이의 장편소설 "태양은 다시 떠오른다(The Sun Also Rises)"에 나오는 나바라 주의 수도다. 내일의 유명한 페르돈 언덕을 기대하면서 잠을 청했다.

순례길은 가식과 위선 속에서 헐벗어버린 자신을 치유하는 기도다.

## chapter 3

# 다시 적응해보자

적응력은 자신의 삶을
바꾸는 능력을 만든다.
성공적인 삶은 긍정적인 사고와
자긍심(self-esteem)이 높은 사람들이다.

# 용서의 언덕, 페르돈(Perdon)을 넘다

페르돈 언덕 가는 길

'생장'에서 카미노를 시작한 지 4일째다. 옆자리의 다른 순례자들이 일어
나는 소리에 눈을 떴다. 새벽 5시 40분이다. 몸이 '카미노'에 적응되어 가는
지 좀 가벼워진 것 같다. 어제 조촐하게 생일파티를 하고 남은 빵으로 에너
지를 채웠다. 출발에 대한 점검을 확인한 후, 등산화 끈을 다시 단단히 묶는
다. 출발을 앞두고 긴장이 온다.

 이날은 일요일이었다. 출발 전 제임스 목사가 지나는 공원에서 예배시간
을 갖자고 제안했다. 알베르게를 조금 지나서 오른 편에 작은 공원이 나타
났다. 공원 코너에서 제임스 목사가 설교를 짧게 마친 다음, 나보고 대표 기
도하라고 한다. 이 길고 긴 여정에서 제임스 목사의 건강과 무사히 산티아
고까지 완주해 달라는 염원이 담긴 간단한 영어 기도다. 영어로 기도해 보기

*잊혀진 나를 찾아 가는 길*

는 이때가 처음이다. 두 사람이 서서 드리는 간결한 예배 시간이었지만 행복한 순간임에는 틀림없었다. 예배를 끝내고 지나가면서 만나는 순례자들에게 "부엔 카미노"라는 말이 자동적으로 나온다.

일요일 서서 예배드린 공원

공원을 지나 외곽지역으로 방향을 알리는 표지판을 따라 한참 걸었다. 다리를 건너 팜플로나의 변두리 마을에 도착하여 편의점에 들렀다. 오늘 마실 물과 먹을 간식을 배낭에 넣었다. 시내에서 벗어나는 과정에서는 노란 화살표가 없다. 인도 가운데 동판 조가비 모양의 화살표를 잘 살펴야 바른 방향을 찾게 된다.

마을을 벗어나니 광활한 밀밭 지대와 노란 유채꽃이 순례자들을 반긴다. 언덕이 높아질수록 멋진 자연 풍광이 동쪽에서 비친 아침햇살에 조명 받아 더 웅장하게 보인다. 내 그림자는 나보다 더 길게 앞서 뻗어 나간다. 그림자를 의식하면, 내가 동쪽에서 서쪽으로 나아가는 방향이 확인됨으로 마음속으로부터 안정감을 얻게 된다. 우리가 가야 할 방향이 동쪽에서 서쪽 끝을 향하기 때문이다.

언덕 위로 마을을 지나고 있었는데 독일인 의사가 길가의 한 카페에서 맥주를 마시다 나를 향해 "부엔 카미노"라고 손을 흔들어 준다. 매일 맥주를 즐겨도 체력은 나보다 좋은 것 같다. 나는 자유롭게 행동하는 그 독일인에게 친근감을 느낀다.

'생장'에서 출발한 순례자들이 반드시 넘어야 할 산이 있다. 이 산은 팜플로나를 지나서 다음 목적지를 향하는 곳에 병풍처럼 길게 뻗어져 있는 언덕산이다. 언덕이라고 생각하면 과소평가되어 속으로 만만한 생각이 든다. 하지만 이 산은 알토 델 페르돈(Alto del Perdon)이라고 불리는 해발 770미터나 되는 산이다. 번역하면 '용서의 언덕'이다. 순례자들은 늘 크고 작은 산이 나타나면 마음속으로 부담이 생기게 된다. 그러나 카미노에서 만나는 모든 산들을 넘어가야 최종 목적지 '산티아고'를 만나게 되기 때문에 인내의 땀이 요구된다.

오늘은 날씨가 무척 맑지만 바람은 불지 않았다. 언덕 능선 사이로 나란히 서 있는 풍력 발전기의 프로펠러는 잠시 멈추고 있다. 아랫마을을 벗어나서 얼마 지나지 않아 멀리서 페르돈 언덕이 보일 무렵, 색다른 풍광이 시야에 들어왔다. 지금까지 걸어온 숲길들과는 다르게 스페인의 전원 풍경이 시원하게 펼쳐졌다. 이러한 광활한 광경을 보고 걷는 사람들은 자연히 호연지기(浩然之氣)가 생기게 되어 '용서의 언덕'에 참여할 마음이 만들어지게 될 것이다.

언덕을 오르는 것은 결코 가벼운 일이 아니다. 마을을 조금만 벗어나면 산비탈로 이어지기 때문에 길이 더 가파르고 힘이 든다. 경사진 곳을 줄곧 통과해야 용서의 언덕을 만난다. 또 땀이 비 오듯 흘러내린다. 땀방울을 훔치면서 생각에 잠겼다. 용서란 무엇을 말하는가? 왜, 이 지점에서 용서의 언덕이란 이름이, 또 순례자들에게 어떤 뜻이 담겨 있는지, 더 생각이 깊어진다. 용서할 수 없는 사람도 있다. 하지만 타자를 용서할 수 없는 마음을 품고 살아간다면, 늘 빼앗긴 시간이 될 것이다. 그리고 그 분노는 점점 자라나 자신을 피폐하게 만든다.

순례의 길에서 용서란 주제를 생각하며 걸으니 발걸음조차 더 무겁게 느껴진다. 순간 내 마음이 작아진다. 순례 길은 함께 출발할 때도 있지만, 시간이 갈수록 혼자서 걷고 보내는 시간이 많아진다. 혼자 걷는 길은 늘 자신을 반성하는 기회가 된다. 페르돈 언덕을 바로 앞에 두고 비탈길에 잠시 주저앉았다. "용서의 언덕"이란 큰 철학적 의미 앞에 반성, 용서와 화해란 키워드들이 순간 머리를 스쳐 지나갔다. 용서를 통해 진정한 자유를 얻게 되니 평온함이 생긴다. 결국 용서란 더 나은 인간이 되고 싶은 몸부림이 아닐까?

제임스 목사와 기념 촬영

교육학에서 빈번하게 인용되는 '반성적 사고(reflective thinking)'란 의미가 떠올랐다. 존 듀이(John Dewey)는 더 나은 교사가 되려면 반성적 사고를 실천해야 한다는 것을 강조했다. 순례의 길을 걷는 사람들에게 '반성적 사고'란 말이 잘 어울린다. 더 나은 순례자가 되기 위해 누구나가 '반성적 사고의 실천'은 자기 성장에 도움이 된다.

　반성적 사고란 자신의 지난 과거에 대한 내적인 점검을 바르게 세우는 작업을 말한다. 그리고 자신의 지난날을 돌아보고 반성해야 할 것을 구체화한 다음, 더 나은 모습으로 변신하려는 실천과 노력을 의미한다. 혼자 걷다 보면 늘 과거를 생각하게 된다. 오늘의 내 모습은 바로 어제가 만든 작품이다. 순례자뿐만 아니라 우리 모두는 지속적인 자기 점검을 통해 삶의 의미와 보람 그리고 가치를 발견해 나가야 할 것이다.

잊혀진 나를 찾아 가는 길

나의 하루에 대해 스스로 반성하게 되면, 오늘은 어제보다 더 나은 날이 만들어진다. 미국의 철학자 조지 산타야나(George Santayana)는 이렇게 강조한다. "과거를 기억 못 하는 이들은 과거를 반복하기 마련이다." 마음에 와닿는 명언이다. 내가 저지른 오류를 통해 고쳐야 할 점을 꼬집어 내어 다시 손질하고 고쳐 수정해 나가야 더 성장하게 된다.

반성적 사고란 잘못된 부분만 반성하는 것이 아니라 자신이 잘 나갈 때 더 요구된다. 땀을 흘려 최선을 다해 승리의 자리에 있을 때도 반성적 사고는 요구된다. 승자효과(winner effect)란 말이 있다. 지나치게 승리하면 '자신감이 자만심'으로 변하는 오류를 범할 확률이 높아진다. 역사적으로도 그러한 인물은 많이 존재한다. 특히 재미있는 사실은 1812년 나폴레옹이 러시아를 침공하여 패망했고, 1941년 독일 히틀러 역시 무모하게 러시아를 침공하여 패배하고 말았다. 그들의 실패 원인이 바로 성공한 경험이 지나치게 많아 생긴 과신(overconfidence) 때문이었다. 투자의 귀재인 워런 버핏도 과신으로 인해 실패한 사실을 인정한 일이 있었다.

생생하게 자신의 힘으로 승리를 여러 차례 경험한 사람일수록 '과신'이라는 편향적 사고에 빠지기 싶다. 특히 스포츠 분야에서 많이 관찰되지만 우리 주변에도 이러한 사례를 종종 본다. 축구 선수 K 씨는 그 분야에서 성공한 선수다. 하지만 축구 감독으로 성공한 경력은 별로 없다. 왜 그럴까?

히딩크 감독은 일류 축구 선수의 명성은 없다. 늘 자신에게 맡겨진 팀을 위해 숙고의 반성적 사고가 체질화되어 있다. 그는 과거 우리나라 축구 선수들의 A 매치 비디오를 또 틀고, 또 보고, 또 관찰 분석하고, 그것도 모자라 유럽에서 비디오 분석 전문가까지 영입했다. 결국 한국 대표팀의 정확한 장단점을 분석하여, 내일의 경기에 적용하고, 그 숙고의 시간을 통해 분석한 과학적 데이터를 바탕으로 2002년 세계 4강의 신화를 만들어 낸 것이다. '시스템 2'의 숙고시간을 많이 보낸 결과다.

누구든지 반성적 사고는 '숙고 시스템'이 가동되어, 좀 더 자신을 객관화하게 됨으로써 합리적인 인간으로 만들어 준다. 생생한 자기 경험이나 직관과 운에 의존하는 경우는 '빠른 시스템 1'이 개입되기 때문에 그만큼 오류가 생긴다는 사실을 잊지 말아야 한다. 잘 풀리고 성공했다고 느낄 때가 위기라고 생각한다면, 그 사람은 훌륭한 사람이 될 확률이 높다. 하지만 대부분 사람들은 성취감이 지나치면 초심을 잃고 만다. 우쭐하거나 자만에 빠져서 일까? 라틴어에 메멘토 모리(memento mori)란 이야기가 있다. 이 뜻은 "죽음을 기억하라."라는 어려운 라틴어지만, 우리에게 많이 회자되는 인용구다.

이 이야기는 고대 로마 공화정 시절에 전쟁에서 승리한 장군을 위해 네 마리의 백마가 이끄는 전차에 타고 대대적으로 시민들 앞에 환영하는 행사를 했다고 한다. 이때 노예 한 사람이 장군 옆에 동승하여 "Memento Mori!" "죽음을 기억해야 합니다."라고 외치게 했다는 이야기다. 그렇다. 카미노 길은 '죽음과 새 삶'을 동시에 기억하며 걷는 되는, 인내의 길이요 반성의 길이다.

나는 다시 일어나 가파른 언덕길을 향해 오른다. 이 산은 능선의 길이가 남북방향으로 쭉 뻗어 있다. 마치 서쪽에서 침략하는 적을 막아주는 자연 요새처럼 보인다. 언덕 위로 풍력발전기의 프로펠러가 돌지 않고 멈추어 있다. 바람이 잠잠하기 때문이다. 드디어 내 생에 처음 만나는 '용서의 언덕'에 도착했다.

언덕 위에 순례자들을 형상화한 여러 개의 청동 조형물이 어렵게 올라온 우리를 반긴다. '바람의 길과 별들의 길이 교차하는 곳'이라고 설명하고 있다.

별들이라는 표현은 동쪽에서 서쪽으로 뻗어있는 은하수를 말하는 것 같다. 이곳에 많은 순례자들이 자신의 모습을 카메라에 담기 위해 분주하다. 난 제임스 목사, 독일인 의사, 그리고 다른 한국인들도 그들의 카메라에 담아주었다. 그다음이 내 차례다. 다른 사람들이 열심히 눌러준다. 서로 얼굴을 쳐다보며, "감사합니다", "탱큐(Thank you)", "당케(Danke)", "그라시아스(Gracias)", "Arigato", "Merci" 등 각국마다 다양한 인사말을 듣는다. 용서의 언덕에서의 장면은 자신 앞에 회개하거나 반성하는 묵념의 시간이 아니라 서로 인사를 나누는 행복한 모습에 나도 덩달아 마음이 즐거워졌다.

독일인 의사가 바로 내 옆으로 뒤따라 온 모습에 다시 한번 놀랐다. 그는 8차례 방문한 길이라 스스로 자신의 체력을 잘 안배하는 모양이다. 그가 나에게 다가와 우리들이 가야 할 다음 방향을 자세하고 친절하게 설명한다. 그가 지적한 방향을 응시하다 보니 경사가 너무 가파르게 보였다. 내 몸은 이곳에 더 머물고 싶은데, 마음은 일어나 가자고 한다. 결국 '시스템 1'과 '시스템 2'의 충돌이 생긴다. 이번에도 역시 이성이 이겼다.

경사진 곳을 내려오는데 오히려 더 힘든 느낌을 받는다. 독일인 의사는 보이지 않고, 제임스 목사님도 나보다 더 잘 내려간다. 제임스 목사는 10개월 동안 체력을 준비하면서 체중이 무려 8㎏이나 줄었다고 한다. 준비란 모든 계획을 실천하는데 매우 중요하다. 순례길은 준비한 만큼 즐기게 된다.

경사진 곳을 내려와 산길을 따라 걷는다. 폭이 좁은 호젓한 오솔길이 펼쳐진다. 들판으로 이어지는 밀밭과 아몬드 밭을 지나니 마리아 상이 나타난다. 이곳에 혼자 잠시 쉬고 있는데 한국인 부부가 쉼터로 다가왔다. 중년인 남편은 좀 더 걷자 하고, 그의 부인은 다음 알베르게에서 쉬자 하는 것에 의견이 잘 조율되지 않아 다투었다고 했다. 그러나 순례를 마칠 무렵엔 다툼으로 시작된 순례길이지만 부부의 관계나 친구들 사이를 하나로 만들어 더 돈독해지는 경우가 많다. 힘든 과정을 통해 서로에게 측은지심이 깊어져 하나가 된다.

스페인의 시골길과 조그마한 마을을 지나고 드디어 오늘의 목적지인 푸엔떼 라 레이나(Puente la Reina)에 도착했다. 사설 알베르게에 짐을 풀고, 샤워와 빨래를 끝내고 그 옆 큰 식당으로 가서 뷔페식으로 저녁을 먹게 되었다. 이미 많은 순례자들이 자리를 차지하고 있었다. 나는 제임스 목사와 덴마크에서 온 신사와 동석했다. 뷔페식당에 오면 늘 식탐이 생기게 된다. 늘 숙고 시스템을 가동해서 식탐을 통제하려고 무척 애를 쓰지만 실패하는 경향이 많다. 오호 나는 곤고한 자로다. 내일을 위해 잠을 청하고 눈을 감았는데, 용서의 언덕의 묵상이 나의 꿀잠을 방해한다.

"너희가 사람의 잘못을 용서하지 아니하면
너희 아버지께서도 너희 잘못을 용서하지 아니하시리라."

- 마태복음 6장 15절 -

잊혀진 나를 찾아 가는 길

# 고통은 인간을 성숙하게 만드는 선물이다

어제는 피곤이 한꺼번에 몰려왔다. 평소보다 일찍 침대에 누웠지만 쉽게 잠을 이룰 수가 없었다. 감사한 마음보다 다른 '잡생각' 때문일까? 내 경험으로 보아 마음을 단순하게 정리하면 잠이 잘 오게 된다. 아무튼 어젯밤은 한 시간가량 잠을 뒤척거리다 다행히 숙면이 된 모양이다. 결국 페르돈 언덕의 피곤함이 꿀잠으로 연결된 것 같다. 전날 활동한 운동량이나 걷기의 정도에 따라 수면의 질이 달라진다. 수면의 질은 다음 날 몸 컨디션에 직접적인 영향을 준다.

인생은 누구든지 힘들고 고통스러운 오르막길을 경험하게 된다. 이러한 순간이 생기게 되면 피하지 말고 긍정적으로 순응하는 편이 더 낫다. 이 순례 길에도 예외는 없다. 영어권에서 빈번하게 사용되는 격언 중에 "No pain, No gain!" 즉, '고통 없이, 이득 없다.'란 말이 있다. 이 말을 최초로 쓴 사람은 영국의 로버트 헤드릭(Robert Herrick)이라는 시인이지만, 군사 훈련이나 스포츠 현장에선 핵심적인 구호가 된다. 특히 훈련교관과 훈련병들 사이, 또 코치나 선수들 사이에 많이 주고받는 가장 빈번한 의사전달이다. 이 구호는 성과를 요하는 과정에서 '고난이나 노력이 중요하다'는 것을 강조하는 의미다. 숙면을 통한 어제의 몸 컨디션을 더 새롭게 만든 것은 바로 힘든 페르돈 산의 여정을 극복해낸 보상일 것이다. 목표를 통한 힘든 과정이나 그 과정에서 야기된 고통스러운 순간을 잘 견디어 내면 보상(reward)이 어김없이 따라온다. 순례 기간 동안 깊은 수면(deep sleeping)은 큰 보상이 된다.

그에 반하여 또 다른 평탄한 그 길은 우리들의 인생 속에 늘 존재한다. 평탄한 길이 지속된다면 오히려 위기가 될 수 있다. 헤르만 헤세는 "친밀하게 길들여지는 바로 그 순간, 나태의 위험이 밀려온다."라고 강조한다. 무척 설득력이 있는 말이다. 편리함이나 익숙함이 자리를 잡게 되면, 방심이나 게으름에 빠지기 쉽다. 필자도 한때, 체중관리를 소홀히 하다가 0.1톤이 넘은 때가 있었다. 현재의 체중은 두 자리 숫자로 유지하고 있지만, 조그마한 나태나 방심은 자신도 모르는 사이에 점점 자라나 공든 탑을 무너지게 만든다. 곧 나를 지키는 길이 '항상 깨어있는 마음'이라는 소중한 진리를 잊지 말자.

오늘은 제임스 목사와 알베르게를 한참 걸어 나와 작은 바(Bar)에서 아침식사를 하고, 다음 목적지 에스테야(Estella)까지 가기로 했다. 식사를 끝내고 조금 걷다가 빨랫줄에 매달아 놓은 옷가지를 챙기지 않고 출발한 것을 알게 되었다. 집에서는 아내가 다 챙겨주지만, 이 길이 끝날 때까지는 모든 것을 내가 챙겨야 한다. 힘들어도 결국 다시 걸어온 만큼 되돌아가야 했다. 순간 매우 당황했지만, 그래도 출발한 지 얼마 되지 않아 다행이었다. 다시 지난밤 지냈던 그 알베르게를 향해 빠른 걸음으로 돌아갔다. 전깃줄에

늘어놓은 내 옷가지를 그냥 배낭에 쑤셔 넣었다. 다시 다음 목적지를 향해 빠른 걸음으로 걸어가고 있는데, 다른 사설 알베르게에서 나오는 독일 의사와 마주치게 되었다. 굵은 베이스 목소리로 "부엔 카미노"라고 손을 흔들어준다. 곧 나를 쳐다보면서 "Kim, Take your time!"이라고 한마디 더 건넨다. 그는 빠른 걸음으로 조금 허둥거리는 내 모습을 보고, 나를 향해, "서두르지 말고 천천히"라고 충고한다.

순례 길에서 독일인 의사를 여러 번 만나는 기회가 있었다. 그를 볼 때마다 '카미노의 도사'라고 부르고 싶어진다. 그는 맥주를 언제 어디서나 마신다. 길을 걸을 때는 한 곳에서 한 캔 이상 마시지 않는다고 했다. 독일인이지만 영국에서 온 사람처럼 영어를 잘 했다. 70대 초반이지만 지쳐 보인 적은 한 번도 없다. 그분과 이야기를 나누는 중에 갑자기 독일 함부르크에 살고 있다는 그의 딸로부터 전화가 왔다. 그는 바로 앞 카페에서 아침을 먹고 출발한다고 하며 나보고 먼저 가라고 손짓을 한다. "부엔 카미노." 아침부터 설마 맥주를 마시지는 않겠지?

푸엔테 라 레이나(Puente la Reina) 알베르게를 빠져나오는 길 양쪽에 중세의 고풍스러운 건축물과 성당의 모습이 순례자들을 반긴다. 조금 지나서 스페인 여왕의 다리가 아름다운 조각품처럼 보인다. 푸엔테(puente)란 의미는 스페인어로 다리다. 눈에 비친 크고 작은 건축물과 다리는 '서있는 박물관'이다. 이 길은 천년 이상 이어져 온 길이지만 그 유적은 원형 그대로 보존된 것 같다. 흙과 나무로 역사를 이어 온 한국 역사와는 달리 스페인 석조 건물로 설명한다. 목조 건물은 긴 역사 앞에 무릎을 꿇고 말았지만, 석조 양식의 건축은 오랜 세월을 견디는 힘이 있는 모양이다.

시내를 조금 지나서 '여왕의 다리'가 나타났다. 외형으로 보이는 이 다리는 하나의 조각품이다. 사진을 찍기 좋은 곳을 찾아 카메라 샷을 마음껏 눌렀다. 강폭이 그렇게 크고 넓은 강은 아니지만 중세로 이어져 온 다리라서 이 다리는 역사를 품고 순례자들을 반긴다. 생장에서 이곳으로 오는 동안 수많은 다리를 건너왔지만 이 '여왕의 다리'가 가장 아름답게 느껴진다. 손이 연신 카메라의 셔터를 누르기 시작했다. 교량 폭이 매우 좁아 자동차는 건너기 힘든 다리다.

순례자들의 일상은 매우 단조롭다. 일찍 일어나고, 하루 목표를 세워 걷고, 좀 쉬고 싶다면 쉬고, 배가 고프면 먹고, 목이 마르면 물을 마시고, 도착하면 알베르게를 찾고, 그다음 크리덴시알(여권)에 도장을 받아야 하고, 침대를 배정받아야 한다. 후에 샤워를 한 다음 빨래를 하고, 포도주 한 잔을 곁들여 저녁을 먹고, 10시에 취침을 해야 한다. 생리적인 욕구 수준을 충족하면 된다. 일상은 단순하지만, 이 길은 매우 다양한 모습으로 나타난다. 오르막, 내리막, 오솔길, 강변길, 산길, 도로 옆길, 포도나무 길, 보리밭 길, 유채꽃 길 등 셀 수 없이 매우 다양한 형태로 존재한다.

다행히 이 길은 마을과 마을이 이어지면서 커피와 빵을 쉽게 살 수 있어 에너지를 해결하는 것에 매우 용이하다. 시야에 들어오는 건축물은 고풍스러움을 더해 간다. 이 카미노 길은 오르막도 건너야 하고, 내리막도 바닥까지 지루하게 내려가야 할 때도 있고, 아름답게 펼쳐진 고요하고 조용한 오솔길도 걸어야 한다. 오르막과 내리막을 마주칠 때 교감신경이 활성화되어 에너지가 요구되고, 편안한 오솔길을 걸을 땐 부교감 신경이 활성화되어 마음의 평안을 얻는다. 교감신경과 부교감신경이 조화롭게 균형을 이루는 것은 면역력 향상에 큰 도움이 된다. 하지만 이 균형이 무너지면 건강에 이상 신호가 나타난다고 한다.

자율신경은 교감신경과 부교감신경으로 대별되지만, 두 기능은 상호 보완하며 길항작용을 한다. 교감신경이 지나치게 자극을 받으면, 아드레날린이 분비되고, 과립구가 증가된다. 이것이 많아지면, 자신의 세포를 공격하고 파괴한다. 또, 과립구가 죽으면 활성산소(free radical)가 된다. 또 이것은 신체 조직을 공격한다. 살다 보면 비판의 날을 세우는 사람들은 스트레스로 인해 교감신경과 부교감신경의 균형이 무너져 건강을 위협받게 된다. 교감신경이 지나치게 자극을 받거나 혹은 부교감신경이 지나치게 활성화된다면 건강이 무너진다는 사실을 이해하고 항상 균형과 조화가 매우 중요하다는 사실을 잊지 말아야 한다.

에스테야에 예상보다 더 일찍 와서 제임스 목사를 기다렸는데, 그는 한참 후에야 공립 알베르게에 도착했다. 걸어오다가 로마시대의 유적지를 들렸다고 했다. 이곳 시내를 구경하고 저녁에 작은 식당에서 순례자 메뉴를 청하니 포도주 한 병을 테이블에 놓았다. 포도주를 시키지 않았다고 주인에게 말했는데, 'el vino es gratis.'라고 한다. "Gratis"는 공짜, 무료라는 의미다. 주인을 향해 "그라티스"라고 확인을 하니 고개를 끄떡인다. 제임스 목사는 와인을 한잔 이상을 마시지 않는다. 나도 취향이 포도주가 아니지만 그동안 한 두 잔 마셔 왔더니 피로회복에 도움이 되는 것 같았다. 순례자 메뉴를 시키면 대부분 카페에서는 와인이 서비스로 나온다는 사실을 이때부터 알게 되었다. 이날은 처음으로 포도주 한 병을 비우는 날이었다. 아마 공짜심리가 작용되었을까?

이곳을 지나오면서 나는, 독일 의사는 물론 덴마크, 프랑스, 이태리의 다양한 연령층의 사람들을 만났다. 여기서 중요한 사실을 한 가지 발견하게 되었는데 이 순례 길이 중독성이 강하다는 사실이다. 왜냐하면 한번 와 본 사람들은 다시 온다. 비행기 요금이 부담이 없는 유럽의 주변 국가의 노인들이 특히 많다. 나는 여기까지 그들과 함께 걸어오면서 그 노인들로부터 많은 것을 배운다. 그들은 고행을 스스로 즐긴다. 활기 있게 걷는 모습이 무척 존경스럽다.

순례자들만의 인사인 '부엔 카미노'라는 인사는 새 힘을 창조한다. 진정한

잊혀진 나를 찾아 가는 길

배려와 격려가 담긴 "부엔 카미노"란 말을 내가 말하고 상대방으로부터 듣게 될 때, 마음속에서 에너지의 파동을 느끼게 된다. 분명한 것은 이 길은 '비움과 채움'을 통해 인생의 새로운 맛을 배운다는 점이다. "다른 사람의 처지에서 생각하라"라는 맹자의 '역지사지(易地思之)'란 말이 실감 나는 곳이 바로 순례길 위에서이다. 그리고 가장 중요한 것은 "네 이웃을 네 몸처럼 사랑하라."라는 성경의 말씀처럼 예수님의 사랑을 배우게 된다. 스페인 속담에 "항상 맑으면 사막이 된다. 비가 내리고 바람이 불어야만 비옥한 땅이 된다."란 말은 새삼 인생을 배우게 된다. 이 카미노는 타인을 적극적으로 배려하고 스스로를 진정 위할 수 있는 순례자의 정체성을 만들어 준다.

**또,**

하루의 마감은 또,
다른 내일을 준비하게 하고
새롭게 다가온 새벽은 또,
신발 끈을 조여 매게 한다.
어제의 추억과 기억은 또,
다시 가슴에 묻어두고
집착과 애착을 내려놓고 또,
먼 길을 향해 걷는다.
마을을 지나 숲속 길을 지나면 또,
강렬한 태양이 어려움을 재촉하고
산모퉁이를 지날 무렵 또,

다시 적응해보자

평생 잊지 못할 추억을 생각하며
소리 없이 눈물이 쏟아진다.
걷다가 마침내
알베르게가 내 시야에 들어오면 또,
감격과 은혜의 폭풍이 밀려오고
산과 들 마을을 지나면서 또,
주님을 향한 감사함이 풍성해진다.
이 짧은 여정은 끝이 아니라 또,
다른 시작임을 예고한다.

"고난은 리더에게 주어지는 신의 특별한 배려다."

- 존 우든 농구 감독 -

잊혀진 나를 찾아 가는 길

# 진정한 자신을 발견하는 카미노(Camino)

어제는 아침에 계획한 로스 아르코스(Los Arcos)보다 조금 더 많이 걸었다. 산솔(Sansol)이란 마을에서 머물려고 했지만 몇 년 전에 알베르게가 폐쇄되었다고 한다. 특히 작은 마을의 알베르게는 운영이 어려워 문을 닫는 경우가 있으니 생장 출발지에서 안내한 정보를 잘 확인하여 계획을 세워야 오류를 줄일 수 있다.

산솔을 지나 조금 더 걷다가 토레스 델 리오(Torres del Rio) 사설 호스텔 광고판이 나타났다. 요금은 공익 알베르게보다 2유로 정도 비싸다. 이곳에 하룻밤을 기댄다. 예상보다 깨끗한 편이다. 산토 세플로크라 불리는 팔각형

성당이 있는 한적한 작은 마을이다. 제임스 목사와 프랑스에서 온 노신사, 브라질에서 온 청년 가브리엘(Gabriel)과 저녁을 같이했다. 브라질 청년의 내일 목적지가 나헤라(Najera)까지라고 한다. 약 40㎞ 정도다. 난, 제임스 목사의 눈치를 살피며 우리도 같이 도전하자고 조심스럽게 말을 꺼냈다. "We can do it, Kim!" 제임스 목사의 빠른 반응에 두 사람이 이미 한 팀이 된 느낌이다. 제임스 목사와 나는 조금씩 자신감을 얻고 있었다. 내일 새벽에 출발하기로 하고 잠을 평소보다 빨리 청했다.

생장에서 출발하여 7일째 되는 날이다. 서울 집을 떠나온 지 벌써 열흘이 지났다. 집에 두고 온 한쪽이 그리워진다. 이번 순례 길을 함께 하고 싶었지만, 집사람은 긴 트레킹을 감당할 체력이 못된다. 장기간 도보여행을 하려면 체력 준비가 매우 중요하다. 특히 800㎞를 감당할 수 있는 근육을 만들어야 한다.

인체는 600개의 근육이 존재하며, 그 종류는 골격근, 평활근, 심근이 있다. 체력의 바탕이 되는 골격근은 '속근(fast twitch)'과 '지근(slow twitch)'으로 구별된다. '속근'은 재빨리 힘을 낼 때 필요한 근육을 말한다. 씨름선수나 단거리 선수들은 '속근'을 강화해야 순간적으로 힘을 발휘하기 때문에 경기에 이점이 있다. 하지만 마라톤 선수나 장거리 선수들에게는 오히려 '지근'을 강화해야 더 유리하다. 장거리 순례 길은 '지근' 강화에 중점을 두어야 한다는 뜻이다. 특히 '지근'이 강화되면 피로회복이 빠르기 때문에 '걷기의 효율성'을 높여 준다. 지근을 강화하려면 이곳에 오기 전에 많이 걷는 훈련이 필요하다.

오늘은 새벽 5시에 일어났다. 오늘의 목적지는 나헤라(Najera)까지 도전하기로 했다. 약 40㎞ 가까운 거리를 걷는 것은 오늘이 처음이다. 어제의 도전을 통해 얻은 작은 성취감을 밑천 삼아 출발에 앞서 새로운 각오를 해본다. 미리 출발을 위해 모든 준비를 해둔 상태라 간단히 확인하고, 머리에 쓴 랜턴에 의지하여 노란 화살표를 따라 힘차게 걷기 시작했다. 내가 맨 앞장을 서고, 가브리엘, 제임스 목사 순으로 걸어 나갔다. 배낭에 물, 빵, 과일 종류의 비상 식품을 항상 준비해야 마음이 든든하게 느껴진다. 앞사람의 불빛을 따라 세 사람이 일정한 간격을 유지하며 걷는다.

브라질 청년 가브리엘과 앞서거니 뒤서거니 하면서 발걸음을 돕는다. 가브리엘에게 순례길에 온 동기를 질문해 보았다. 그는 '종교적인 이유와 대학 졸업 후 입사 전에 새로운 도전'이 필요하였다는 설명에 충분히 공감을 느낀다. 3년 동안 알바를 하면서 경비를 마련했다고 한다. 젊은이답지 않게 성숙한 모습이 느껴졌다. 그는 스페인, 이태리, 프랑스, 영어와 모국어인 포르투갈어까지 5개 국어를 듣고 말할 수 있다고 했다. 포르투칼어는 스페인어와 유사하고, 이태리어와 프랑스어는 언어상 4촌이니까 가능하다는 생각이 들었다. 가브리엘은 이 길 위에 선 브라질 국가대표가 된다. 태양은 강렬하게 대지를 비추고 있고 그림자가 작아질 무렵에 로그로뇨(Logrono)라고 쓴 긴 간판이 눈에 들어왔다. 역시 청년과 함께 걷고 있으니 보폭이 나도 모르게 빨라진 것 같다.

아침 태양 속으로 땅기운이 이글거리는 가로수가 없는 포도밭 옆길을 걷는다. 불만을 느끼기보다는 아직도 먼 나헤라에 도착하는 모습을 미리 상상하며 희망의 춤을 춘다. "쿵 짜자 짜자, 쿵쿵 짜자" 나만의 리듬을 만들어 몸과 마음으로 춤을 춘다. 뒤따라 오던 제임스 목사가 이상한 몸짓을 하며 걸어가는 나의 모습을 물끄러미 바라보며, "What are you doing, Kim?"라고 묻는다. 흥이 나서 어깨를 들썩들썩하면서 어색한 발 동작과 함께 시범을 보였다. "This is my own style of Korean rhythm dance."라고 설명하자, 가브리엘과 제임스 목사가 번갈아 가면서 "Wonderful!"이라며 엄지척을 한다.

사실 난, 그전부터 지루하고 짜증이 생기면, 이미 목표를 달성하는 '가상'의 모습을 만들어 즐기는 습관이 생겼다. 이것을 나는 '가불(receive in adance) 목표 달성'이라고 말한다. 이 키워드는 개강 첫 시간에 항상 쓰는, 내가 만든 단어다. 지금까지는 내가 상상한대로 모두 이루어진 것 같다. 이것이 습관이 되면 그 과정은 즐겁다. 이것은 긍정의 힘이다.

로그로뇨(Logrono) 마을 입구에 있는바에서 아침을 먹고 있는데, 우리말이 귀에 들렸다. 한국 중학생처럼 보이는 5명의 청소년들과 고등학생처럼 보이는 두 청년을 만났다. 중학생처럼 보이는 학생들은 청주 근처에 있는 대안학교 학생이라 선생님 인솔 하에 '체험학습'을 하는 중이라고 했다. 두 사람은 재수를 하는 학생인데, 원하던 대학에 실패를 하고 자신들의 마음을 다잡기 위해 순례 길에 가기로 결심했다고 한다. 한쪽 테이블에 모여 있는 한국학생들을 향해 "너희들은 이 길을 잘 선택했으니, 끝까지 완주해야 한다."라고 짧은 만남을 통해 진솔하게 격려를 한 후, 우리는 쫓기는 듯 나헤라로 향했다. 나헤라(Najera)까지 아직도 먼 길이 남아있기 때문이다.

조금 전에 만난 한국 학생들을 생각하며 작은 희망을 느껴 본다. 이 길은 자신을 찾는 분명한 선택의 길이다. 더 나은 자신을 만들기 위해 자발적으로 애쓰는 긍정적인 태도가 대견스럽다. 필자가 지금까지 교단에서 보낸 경험에 비추어 보면, 자신의 잠재 능력, 바람직한 교육, 지속적인 노력을 통해 누구나 더 나은 발전이 이루어진다고 본다. 그러나 스스로 자신의 한계를 일정한 수준까지 고정(fixing) 해버려 더 이상 발전을 못하는 학생들도 있다. 조금 전에 만난 대안학교 학생들의 눈빛이 살아있다. 그리고 고등학교를 졸업한 두 청년은 대입의 실패 경험을 통해 자신의 미래를 잘 대처해 나가는 태도가 훌륭하다.

우리 주변을 둘러보면, 특히 학창 시절에 예상하지 않았던 사람이 기대 이상으로 성공한 경우가 있는 반면, 기대를 한 몸에 받았던 사람이 오히려 기대 이하로 살아가는 사람들도 있다. 또 어떤 이는 실패가 오히려 성공의 발판이 되어 승승장구하는 사람이 있는가 하면, 실패에 주저앉아 버린 경우도 있다. 왜 그럴까? 스탠퍼드 대학 심리학 캐럴 드웩(Carol Dweck) 교수의 자기인식이나 신념에 관련된 '마인드 셋 이론'을 통해 그 해답을 알아보자.

드웩 교수는 인간의 마음의 태도를 두 가지, 즉 성장 마인드 셋(growth mindset)과 고정 마인드 셋(fixed mindset)으로 구별하여 설명하고 있다. 성장 마인드 셋이란 자신이 집중하고 또 노력을 한다면 얼마든지 자신의 실력이나 재능이 향상된다는 마음의 태도를 말하는 반면에, 고정 마인드셋은 자신의 재능을 선천적이라고 믿고 아무리 노력해도 더 이상 발전을 가져오지 않는다는 마음의 자세를 말한다. 인생을 살면서 누구나 많은 실패를 경험하게 된다. 고정 마인드 셋의 사람들은 그 실패를 좌절하거나 회피하려는 습관이 있는가 하면, 성장 마인드 셋의 사람들은 그 실패를 잘 분석하여 더이상 동일한 실패를 만들지 않고, 모난 돌을 디딤돌로 삼아 잘 극복해 나가는 형태를 말한다.

이러한 두 가지 유형 중 고정 마인드 셋을 가진 사람들을 순례자 중에도 의외로 많이 볼 수 있다. 그들은 순례 길에 잘 적응하지 못하여 늘 다른 탓으로 일과를 보내다가 결국 중도 하차 한 경우다. 이 길 위에선 감사한 마음이 없이는 앞으로 전진을 못한다. 감사한 마음은 나를 비움에서 생긴다. 먼저 희생하는 마음이 있어야 더 즐겁게 느껴진다. 세상 주변에는 스스로 미움받을 용기가 없어 늘 합리화하거나 변명만 판을 친다. 그러한 사람은 앞으로 나가지 못한다.

결국 실패나 어려움이 생기게 되면, 핑계보다는 '자기 성찰'을 통해 문제의 본질을 살펴보아야 한다. 이러한 숙고의 성찰은 문제 해결에 도움이 된다는 사실을 잊지 말아야 한다. 참고 견디면 얼마든지 완주가 가능해 보이는데, 자신의 체력적 한계라는 핑계를 삼아 쉽게 중도 포기하는 사람들도 있다. 출발지 생장에서 '마음 챙김' 혹은 '마음다짐'은 산티아고까지 완주하는 데 마음을 모으는 의식과도 같다. 그리고 그 과정을 보다 즐겁게 하기 위해 아침마다 알베르게를 출발할 때 도착지에 무사히 도착하는 자신의 모습을 늘 상상하면서 걷기 바란다.

이러한 묵상을 하다가 어느덧 벤토사(Ventosa)까지 도착하였다. 이곳에 머물고 싶은 충동이 밀려왔지만 방금까지 '성장 마인드셋'을 묵상하여, 새벽에 마음먹은 목표를 이루기 위해 계속 걸어 나갔다. 포도나무 농장이 좌우로 즐비하다. 작은 오르막 내리막길을 반복하면서 걷다 보니, 어느덧 나혜라(Najera) 타운이 시야에 들어왔다. 이때가 오후 4시 30분이다. 마을 입구에 물이 흐르는 작은 강이 있어 목가적인 풍광이 눈에 들어왔다. 조금만 더 힘내자. 무려 식사시간까지 포함하여 11시간을 길 위에 있었다. 알베르게로 들어가는 입구에 시원하게 흐르는 강이 아름답다. 이곳 80명 이상 수용이 가능한 대형 알베르게에 짐을 풀었다. 현재는 공익 알베르게가 다른 곳으로 옮겼다.

산티아고 800km의 길을 따라 영혼을 치유하는 순례의 길을 걷다.

"인내는 영혼을 강하게 하고, 기분을 좋게 해주고, 화를 참게 해주고,
질투를 없애고, 교만함을 억제하고, 말을 제어한다."

- 조지 혼 -

잊혀진 나를 찾아 가는 길

# 누가, 나의 그림자를 바꿀 수 있는가?

    나헤라(Najera)는 작은 타운이지만 스페인 중세 시대의 발자취가 남아있는 도시다. 이 지역은 중세 로마 시대의 흔적(trace)과 함께 과거 기독교 왕국과 이슬람 왕국 사이 정복하고 정복당하는 역사의 발자국이 남아있는 곳이다. 아랍인들이 정복했을 때 아랍어로 '바위 사이의 도시'라는 의미로 '나사라(Naxara)'라고 불렀다가, 이슬람이 패한 후 이 도시를 나헤라(Nahera)라는 스페인 발음으로 부르게 되었다고 한다.

    나헤라((Njera)라는 지명 이름이 역사의 아픔을 잘 설명하지만, 유유히 흐르는 '나헤리아'의 강 물줄기는 옛날이나 지금이나 나헤라의 주민들에게 생명의 원천이 된다. 이 도시 초입에 흐르는 강은 크지도 작지도 않지만 강변 사이의 뻗은 곧은 나무와 푸른 초장이 목가적인 분위기를 만들어 낸다. 강물이 깊지 않아 물 흐르는 소리가 쉽게 들린다. 이 분위기는 정서적으로 안정감을 느끼게 한다. 그리고 강변 주변에 크고 작은 식당과 카페에서 순례자들을 반긴다.

나헤라가 순례 길에 포함되면서, 이 길을 지나는 순례자들에게 중요한 위치로 변했다고 한다. 그 영향으로 인해 11세기에 세워진 수도원 산타 마리아 라 레알 (Monasterio de Santa Maria la Real)과 산타 크루스 성당 (Real Capilla de la Santa Cruz) 등 오래된 유적들이 남아있다. 또한 이 고장은 중세 고딕 양식의 건축물이 많은 곳이라 고풍스러운 느낌을 준다. 아무튼 나헤라는 전통 먹거리와 함께 순례자들에게 마음의 안식을 주는 도시다. 현재 80명 이상을 동시에 수용할 수 있는 대형 공익 알베르게 시설까지 갖추고 있는 마을이다.

나헤라 타운을 벗어나 작은 바에서 아침을 해결했다. 몸이 더 가뿐해진 느낌이다. 역시 꿀잠이 보약인 것 같다. 건강한 성인들은 8시간 수면 중 1~2시간이 깊은 수면(deep sleep)으로 이루어진다고 한다. 이 깊은 잠이 건강

*잊혀진 나를 찾아 가는 길*

지키기에 필수적 요소라고 과학자들은 강조한다. 어제가 만든 고단함(hard workout)과 피로가 숙면을 유도한 것 같다. '몸은 스스로 치유(healing) 한다.'는 말이 실감이 나는 기분 좋은 아침이다. 오늘은 최소 30㎞ 목표를 세우니 그곳이 빌로리아(Vilria de la Rioja)까지다. "I can do it!"

어제 저녁식사는 비록 짧은 시간이었지만 기억에 남을 정도로 맛있었고 매우 즐거웠다. 게다가 그동안 잊고 있었던 독일인 의사를 카페 앞 좁은 길목에서 우연히 만났다. 그와는 순례길에서 헤어지고 만나기를 반복했지만, 나혜라에서 다시 또 만나 더 반가웠다. 내 기억으로는 그와 '여왕의 다리' 근처에서 헤어지고 처음이다. 그의 말에 의하면, 하루 최소 30㎞씩 거리마다 자신의 체력을 잘 안배해 주면, 걷기의 효율성이 높아진다고 조언을 해 주었다. '순례의 도사'인 그와 멘토링을 이어간다는 것 또한 지혜로운 것 같다. 실제로 멘토링은 복잡한 삶 속에서 오류를 극소화하는 데 도움이 된다.

다시 포도밭 사이로 걷는다. 붉은색을 띤 토양으로 이루어진 긴 길을 걷기 시작하다가 갑자기 자갈길로 접어들었다. 이 지역은 포도밭이 많아 포도주

인심도 좋다. 스페인의 명품 와인은 이 지역에서 많이 생산된다고 한다. 점점 와인의 맛이 내 입에 익숙해지면서 내 체력도 이 카미노에 잘 적응되어 가는 느낌이다. 생장에서 나바라주(Navarra)를 거쳐, 라 리오하주(La Rioja)를 지나고 있다. 이 길을 지나는 순례자들은 방목하는 양을 멀리서 볼 수 있으며, 포도, 보리, 밀을 경작하는 밭길 사이로 걷게 된

다. 이 주의 수도가 바로 어제 그냥 지나 온 로그로뇨(Logrono)다. 그곳은 전통적인 먹거리와 맛집이 많은 곳으로 순례자들 사이에 널리 알려져 있는 곳이다.

산티아고까지 582㎞가 남아 있다는 표시판이 나타났다. 제임스 목사는 "We did it, Kim", '우리는 해낸 거야'하며 매우 긍정적인 태도를 보였다. 그런데 뒤따라오던 이태리에서 온 한 청년이 "Another 582㎞?"라면서 얼굴을 찡그린다. 이렇듯 동일한 상황을 보고 어떤 사람은 긍정적인 반응을 보이고, 또 어떤 사람은 부정적인 반응을 보인다. 필자의 경험으로 보아 늘 긍정적인 태도를 보이는 학생들은 성적도 좋아 좋은 곳에 취업도 잘하는 반면에, 불평과 불만을 나타내는 부정적인 학생은 그 결과를 기대하기 어렵다. 주어진 어떠한 상황이라도 항상 긍정적인 믿음을 가진다면 신체적, 정신적 건강은 물론 면역력에도 영향을 미친다고 한다. 에이브러햄 링컨의 "사람은 행복하기로 마음먹은 만큼 행복하다." 란 말이 마음에 와닿는다.

하늘은 구름 한 점이 없는 우리나라 가을 하늘처럼 쾌청하고 높다. 이러한 날은 기온이 높아져 땀방울이 더 맺힌다. 앞으로 더 전진해야 한다는 단순한 욕심 때문에 로그로뇨(Logrono)의 맛집을 그냥 지나 온 것에 후회가 된다. 어제 만찬 때 독일 의사가 대뜸 나를 향해, "Kim, Have you tried 'tapas' and 'pinchos' at Logrono?" 로그로뇨에서 "와인과 함께 '타파스'와 '핀쵸스'를 먹어 보았겠지?" 하면서 이 질문을 했다. 나는 "No."라고 대답하니, 고개를 저으며 다시 말했다. "즐기면서 걸어라(Enjoy walking)."라는 충고를 준다. 그는 역시 도인이다. 목표보다는 과정을 중시하라는 좋은 충고임에 틀림없다. 앞으로 앞만 보고 걷지 말고 옆도 보면서 즐겨야겠다.

## 마음 챙김(Mindfulness)은 인생을 바꾼다.

난 이 길을 걸으면서 '마음먹기'에 대한 묵상이 이어졌다. 사람은 마음먹기, 특히 어떤 마음 자세로 오늘을 살아가느냐에 따라 삶의 모습이 달라진다는 사실을 깨닫기 시작했다. 그리고 나 자신을 향해, 저 노인들처럼 건강하고 또 열정적으로 살아가야겠다는 다짐을 했다. 매사는 마음먹기에 달렸다는 원효스님의 일체유심조(一切唯心造)란, "일체(一切)의 근본(唯)은 마음(心)에 있다."라는 의미다. 간단히 설명하면 모든 것은 마음먹기에 달려있다란 말이다. 이 길 위에서도 어떤 마음먹기로 아침을 맞이했느냐에 따라 잠자기 전에 그 결과가 달라진다. 특히 일반적으로 실패를 경험하는 사람들에게 "다 마음먹기 일세"라고 충고를 건넨다. "실패도 배우는 게 있으면 성공이다."라고 말콤 포브스(Malcolm Forbes)는 강조한다. 그렇다. 누구나 실패를 경험한다. 그 실패를 통해 교훈을 얻게 된다면 그 사람은 마음먹기가 더 새로워질 것이다.

독일인 의사는 분명히 70대 초반인데 나보다 더 잘 걷는다. 맥주를 마실 때도 젊은이들처럼 병째로 마신다. 허리가 꼿꼿하여 자세도 바르다. 아무리 관찰해도 노인처럼 보이지 않는다. 특히 파라돈 언덕을 올라오는 그의 모습에서 꼿꼿함이 발견되었다. 그러한 모습은 타고난 것일까? 아니면 후천적으로 자신이 경험적으로 만든 것일까? 한참을 묵상하다가 문득, 하버드대 사회 심리학 교수인 헬렌 랭어(Ellen Langer) 박사의 '마음 챙김(mindfulness)'이란 키워드가 내 머릿속으로 지나갔다. 그녀의 연구는 '인간의 행동이 상황에 따라 달라진다.'는 것에 많은 관심을 가진 학자다.

그녀의 초기, "시계 거꾸로 돌리기(Counterclockwise)"란 실험은 매우 흥미를 끄는 연구였다. 이 실험은 매우 간단하다. 20년 전의 모습으로 세팅한 집에서, 피험자 70~80대 8명의 노인들은 스스로 밥하고 세탁하고 또 청소를 해야 했다. 이곳에선 누구의 도움도 받지 못하며, 자신이 모든 문제를 해결해야 하는 조건을 달았다. 그들은 20년 전의 영화도 보고, 음악을 들으면서, 서로 도와가며 1주일을 생활했다. 몇 가지 신체적 변화에 대한 변수(Variables)을 정해 놓은 다음 사전 사후 검사(Pre & Post Test)를 통해 '마음 챙김'을 증명해 보였다. 이러한 측정 변수들로 신체기능(손재주, 악력, 유연성), 청력 및 시력, 기억력 및 인지력 등이 관찰되었다.

20년 전 환경에서 살게 한 상황이 그들의 행동과 인체에 어떤 영향을 가져왔을까? 이 실험에 참여한 모든 노인들은 청력과 시력은 물론 기억력과 인지력이 매우 유의미하게 향상되었으며, 체력적 기능도 모두 향상되었다. 게다가 그들 중에 몇 사람은 자신이 타던 휠체어에서 일어나 걷기도 하였고, 또 어떤 참가자들은 지팡이를 던져 버렸다. 불과 7일 만에 모든 참가자들이 20년 전으로 돌아온 기적을 경험했다. 이러한 놀라운 연구 결과가 전 세계적으로 소개되어, 나중에 영국 BBC와 한국, 프랑스 등 몇몇 국가에서도 동일한 개념을 가지고 실험하여 유사한 결과를 얻었다. 그렇다. 우리는 주변에서 "난 약골이야" "난 불가능해" "나이가 들어서"라는 등의 말을 많이 듣게 된다. 이 카미노는 자신의 나이를 의식할 필요는 없다. 다른 사람들의 시선에 상관없이 자연이 주는 풍경과 그 고장의 맛있는 전통요리를 즐기면서 사람들과 어울려 마음을 새롭게 하며 노란 화살표를 따라 걸어가면 된다.

오늘은 순례길 8일째다. 어제 독일인 의사를 만나서 앞만 쳐다보고 걸었던 내 모습을 다시 성찰하는 계기가 되었다. 붉은 들판 위에는 포도밭, 보리와 밀밭으로 이어져 있다. 마을도 보이지 않아 쉼 없이 걷고 있다가 산토 도밍고 데라 칼사다(St. Domingo de la Calzada)에서 점심을 먹고 다시 걷기 시작했다. 다시 10㎞ 더 걸어야 한다. 힘이 들지만 다시 마음 챙김을 통해, '딩까 딩까' 하면서 마음으로 춤을 추어 본다. 참고, 견디고 또 이겨내니 결국 목적지 빌리아(Vilria de la Rioja)에 도착하였다. 시간적 여유가 생겨 빨래와 샤워를 한 후, 마을을 돌아 보았다. 어제 만났던 노신사들과 함께 저녁을 먹고, 피로회복에 도움이 되는 와인 한 잔도 했다. 오늘도 내일의 체력을 위해 '마음먹기'를 묵상하면서 잠을 청했다. 내일을 기대 해본다.

"불행의 원인은 늘 자신이다.
몸이 굽으니 그림자도 굽는다.
어찌 그림자가 굽는 것을 한탄할 것인가?
나 외에는 아무도 나의 불행을 치료해 줄 사람이 없다.
늘 마음을 평화롭게 가져라.
그러면 불행이 살아질 것이다.

- 파스칼 -

잊혀진 나를 찾아 가는 길

# 포도밭에서 밀밭 사이로 사랑이 잉태되다

　스페인에 대해 기본 정보를 좀 더 이해하면서 순례 길에 참여해야겠다는 생각을 했다. 지금까지 난, 과연 '이 길을 완주할 수 있을까?'라는 심리적인 강박관념 때문에 스페인이 어떤 나라인지에 관해 별 관심을 가지지 못한 것이다. 오직 걷기에만 몰입하다가 나 자신도 모르는 사이에 두 개의 주를 지나고 보니 스페인이 보이기 시작했다. 스페인 북부 지방은 인구 밀도에 비해 토지가 광활하게 펼쳐져 있다. 오늘은 순례자들 사이에 알려진 '가도 가도 끝이 안 보인다는 땅', 카스티야 이 레온(Castilla y Leon) 주가 지금부터 펼쳐진다.

　스페인은 의회 민주주의 국가이자 입헌 군주제를 채택하고 있다. 정식 국가 명칭은 에스파냐(Espana)이지만 영어 표기로 스페인(Spain)이라고 부른다. 영국이나 스웨덴, 일본처럼 왕이 있는 나라다. 스페인은 미국처럼 연방제는 아니지만 지방 분권화 정치제도를 실천하는 단일국가다. 17개 자치주와 2개의 광역시가 있다. 프랑스 길은 4개의 스페인 북부 지방, 즉 4개의 지방자치 주를 지나야 한다. 이 길은 동쪽에서 서쪽 끝 산티아고를 향해 걷게 된다.

 일명 '프랑스 루트'라고 부르는 순례 길은 순례자들 사이에 가장 인기 있는 길이다. 출발지는 프랑스 생장에서 출발하여 스페인 북부로 첫 번째 만나는 '나바라'주를 거쳐 포도밭이 많은 '리오하'주를 지나면 거대한 '카스티야 이 레온' 주를 만나게 된다. 이 광활한 주를 지나면 갈리시아 지방이 나타난다. 그 지역에서 며칠 더 걷게 되면 마침내 '산티아고 데 콤포스텔라'인 마지막 종착지를 만난다. 지금까지 우리는 포도밭이 많았던 리오하주를 막 지나서 광대한 땅 카스티야 이 레온주 시작점에 와 있다. 이 주를 통과하

려면 정신적 인내가 필요하다고 독일인 의사가 귀띔해 준다. 이 구간을 지나온 순례자들은 일명 '인내의 길(Camino)'이라고 부른다고 한다.

잊혀진 나를 찾아 가는 길

포도밭 사이길로 걷다 보면 로그노료(Logrono)란 도시에 도착하게 된다. 이곳은 리호하 주 수도이다. 곧 바로 가다보면 나혜라를 지나 산토 도밍고 마을로 연결된다. 이곳을 지나면 카미노의 전설이 주렁주렁 달려 있다. 독일인 의사와는 달리 제임스 목사와 나는 이 길의 초보자이다. 자신도 모르게 새로운 주가 나타난 것을 인지하지 못한 채 이곳까지 와 버렸다. 빌로리아 데 리오하(Viloria de la Rioja)는 작은 마을이지만 유래가 있는 곳이다. 산토 도밍고(Santo Domingo de la Calzada) 마을은 도밍고 성인의 시신이 안장되어 있는 곳이다. 오늘 우리가 머무는 바로 이곳, 빌로리아 마을은 산토 도밍고 성인이 태어나서 자라난 곳이다.

산토 도밍고(Santo Domingo de la Calzada)는 천년전에 카미노 건설을 촉진하고, 이 길을 여는데 기여한 성인이라고 적혀있다. 그가 태어난 집 맞은 편에 그를 기리는 성당이 있다. 카미노 길에서 산토(Santo) 혹은 산(St.)으로 쓴 지명은 천 년 전에 이 길을 여는데 기여한 성인(Saint)의 이름이라고 생각하면 된다. 이러한 설명은 '카미노의 도사'인 독일인 의사가 이야기했다. 지금까지 우리가 지나 온 길 중에 공익 알베르게가 있고, 고풍스러운 성당이 있었다면, 그곳은 소중한 역사 이야기들이 숨어있는 곳이다. 가톨릭 신자가 아니더라도 지역이나 교회의 역사에 관련된 정보들은 이해하면서 걷는다면, 이 길을 걷는 순례자들에게 흥미가 더해질 것이다.

이 길은 천 년 전부터 수많은 순례자들이 자신의 발자국을 남겼다. 그들 개개인에 대한 물리적인 상징물은 없지만, 자신만의 마음속에 순례의 정신이 남아 있을 것이다. 네덜란드에서 온 한 중년 신사는 자신의 아버지가 이 길을 걸을 때 사용한 50년이 넘은 나무 지팡이를 가지고 와 자랑을 하는 모습을 보았다. 그것이 바로 그 집안의 순례에 관련된 무형자산이 된다. 그 자산은 돈으로 살 수 없는 그 집안의 고유의 가치를 지닌다.

리오하 주는 끝없이 포도밭이 펼쳐진다. 그러다가 어느 사이에 자치주가 바뀌면 더 이상 포도밭이 보이지 않았다. 아마 내 기억으로는 골프장을 지나서 시루에나(Ciruena) 근처인 것 같다. 그곳을 벗어나니 밀밭과 해바라기가 순례자들을 반긴다. 소나무 숲을 지나면 붉은 흙길을 한참 걷는다. 들판은 끝도 없어 보이는 밀밭이 평원으로 이어진다. 이 지역의 고도가 평균 900미터에서

1,200미터 사이가 된다.

출발지에서 2시간이 지나서 산 후안 데 오르데가(St. Juan de Ortega) 타운이 나타났다. 이곳은 아침이나 점심을 해결하기에 매우 좋은 곳이다. 이곳도 역시 후안 데 오르데가 성인을 기리는 수도원이 있는 곳이다. 길가 옆 카페 앞으로 어제 만난 유럽의 노인들이 다가오고 있었다. "부엔 카미노"라고 큰 소리로 인사를 건넨다. 그 표정은 언제나 밝다. 또한 늘 당당하게 보인다.

이 길 위에서 내가 만난 사람들과 다양하게 이야기를 나누어 보았지만 유럽에서 온 노인들은 나이를 거꾸로 먹는 것 같다. 네덜란드에서 온 한 노인은 10번째 이 카미노에 온다고 했다. 무엇이 그를 이곳으로 오게 했을까? 종교심 때문일까? 아니면? 점점 궁금해진다. 옆자리에 다가온 그 네덜란드 노인에게 이곳에 온 동기에 대해 질문을 던져 보았다. "What motivated
you to join in this Camino every year?" 그가 나에게 던진 한마디는, "To get a peaceful mind and health."라고 답한다. "평화스러운 마음과 건강을 얻기 위해"라고 미소를 지어 보이며 간단한 대답을 해준다.

　그의 이야기는 이렇다. 그가 50대 후반 때, 가슴에 통증을 느껴 병원을 찾았는데, 자신의 주치의가 느닷없이 "많이 걸으시고, 운동하세요."라고 여러 차례 권고했다고 한다. 그 당시 네덜란드에서 산티아고 순례길이 일반 대중들에게 널리 알려져진 상태라, "많이 걸으세요."라는 말을 듣게 되면, 바로 산티아고 순례길이 연상되었다고 한다. 그래서 그는 10년 전부터 매년 이 길을 즐긴다고 한다. 네덜란드 노인은 자신의 인생에서 최고의 선택을 한 것처럼 보인다. 그는 그의 나이대와 비교하면 더 젊고 또 건강하게 보인다.

　이 노인들은 자신의 걷는 경험을 통해 건강의 중요성을 깨닫고 실천하고 있다. 그들은 카미노 걷기가 자신을 건강하게 만든다고 믿고 있다. 사실, 질병으로부터 해방되고 건강한 삶을 유지하기 위해 활기찬 걷기 습관이 중요하다. 활기찬 걸음걸이는 바로 근육에 있다. 특히 우리 몸의 70%에 해당하는 근육이 하반신에 몰려있어, 이것이 부실하면 건강한 걸음걸이를 기대하기 어렵다. 하지만 많은 사람들은 근육의 중요성을 잊고 산다. 특히 근감소증이라는 새로운 질병에 대해 잘 모르고 살아가는 사람들이 많다. 근감소증(Sarcopenia)이란 나이가 들어감에 따라 골격근량이 감소되는 현상으로 근력저하와 신체기능의 저하를 말한다. 이는 골격근 질량과 기능의 상실을 특징으로 하는 질환이다.

토산토스(Tosantos)를 지날 무렵 하늘이 회색 구름으로 덮혀 있다. 조금 지나니 한두 방울의 빗방울이 떨어진다. 배낭에서 판초를 꺼내어 비를 대비해야 한다. 에스피노사(Epinosa)에서 비아프랑카 몬테스 데 오까(Villafranca Montes de Oca) 마을 초입에 들어서자마자 소낙비가 내리기 시작했다. 마을 입구 카페는 이미 사람들로 꽉차 있었다. 혹시 나보다 먼저 출발한 제임스 목사가 비를 피하려고 이곳에 있는지 살펴보았으나, 그는 보이지 않았다.

순례자는 비가 온다고 하여 한곳에 오래 머물 수 없다. 비가 오면 빗속으로, 바람이 불면 바람 속으로, 눈이 내리면 눈 속으로 걸어가야 한다. 숙박도 하루만 머물러야 한다. 이곳은 해발 1,200미터가 되는 산길로 이어지고 있다. 지난 마을이 이미 해발 900미터이므로 그렇게 힘든 길은 아니다.

산길 오르막을 지나 올 무렵, 소낙비가 그쳤다. 판초를 벗어버리니 아름다운 새소리가 들려왔다. 혼자 이 산길을 걷고 있지만 행복한 느낌을 받는다. 비가 올 때나 오르막길을 만나면, 자성(self-examination)하는 묵상을 멈추는 것이 지혜롭다. 비가 오는 날은 그 자성하는 마음이 몸의 피곤과 함께 "나는 왜?..."라는 부정적인 무드로 만들기 때문이다. 자성하는 묵상은 주로 날씨가 화창한 날이 더 도움이 된다. 그날의 날씨도 정서적인 상태에 조금은 영향을 미치게 된다.

스치는 바람이
흐르는 땀을 날려주고,
맑은 하늘이 나를 환영한다.
새털구름 바라보며
지팡이를 친구 삼아
포도밭을 지나 산길로 오른다.
자신의 그림자를 향해
분주히 걷는 사람과 사람들
너와 난, 이제 모두 순례자가 된다.

카미노를 걸으면서 주로 낙천적인 생각이 많은가 하면, 가끔은 우울한 기분을 느낄 때도 있다. 오늘처럼 비가 오는 경우가 그렇다. 긍정심리학의 대가라고 불리는 마틴 셀리그만(Martin Seligman)은 그의 책 "학습된 낙관주의(Learned Optimism)"에서 "적성이나 동기를 갖추고 있어도 낙관주의자가 아니라면 성공하지 못한다."라고 강조한다. 그의 최근 연구에서 낙관주의는 50%는 타고나지만 50%는 후천적인 요소에 의해 바꿀 수 있다고 한다. 그중 40%는 자신이, 10%는 환경이나 타자에 의해 영향을 받는다고 한다. 낙관적인 생각과 행동은 정신건강에도 도움이 된다.

이길, 순례길은 낙관주의자로 만드는 길이다. 자신의 삶의 짐을 비우고 걸으면서 더 좋은 생각을 가지고 묵상하면 낙관주의자가 된다. 낙관주의자는 자신보다 타자들에게 유익과 소망을 안겨주는 아름다운 마음을 가진 그 사람이 아닐까? 어떤 사람은 자신이 하루 걸어야 할 목표를 정하고, 오직 그 목표만을 향해 걸어가는 순례자도 있다. 그러나 어떤 사람은 자신이 가지고 있는 작은 과일 한 조각이라도 같이 걷고 있는 옆 사람을 불러 나누며, 소소한 일에 행복을 느끼며 걷는 순례자도 있다. 난, 어느 쪽에 속하는 순례자일까? 이러한 생각에 잠겨있다가 어느덧 오늘의 목적지 산 후안 데 오르데가(St. Juan deOrtega) 마을에 가까워지고 있었다. 내일은 대도시 부르고스(Burgos)까지다. 작은 희망이 다가온다.

"어리석은 자는 멀리서 행복을 찾고,
현명한 자는 자신의 발치에서 행복을 키워 간다."

- 제임스 오펜하임 -

# 말한 대로 이루어질까?

지난밤 지냈던 산 후안 데 오르테가(St. Juan de Ortega) 알베르게는 오르테가 성자의 이름을 기리기 위한 마을이다. 이 마을도 천년을 이어온 전설이 있는 곳이다. 오늘, 큰 도시에 도착한다는 상상을 하면서 들뜬 마음으로 일어났다. 도착지는 부르고스(Burgos)다. 이곳으로부터 약 30㎞ 거리에 해당된다. 차근히 떠날 준비를 마친 후, 등산화 끈을 단단히 맨다. 어제저녁에 준비한 간단한 비상식량과 간식을 냉장고에서 꺼내 배낭에 넣었다. 순례자들에게 '식량과 물'은 선택이 아니라 필수다. 오르테가의 전설을 뒤로 미루고 부르고스를 향해 힘차게 출발했다. 부르고스에 대한 나의 기대가 두 발에 이미 전이된 듯하다.

오르테가 마을을 빠져나와 한참을 걷게 되면 아게스(Ages)와 아타푸에르카(Atapuerca)를 지나간다. 이 지역은 선사시대의 유물이 발견된 곳이다. 안내판도 있고 전시관도 있다. 1976년에 아타푸에르카 마을 근처에서 선사시대의 유물이 처음으로 발굴되었다. 그 후, 1997년도에는 80만 년 전에 살았던 원시인의 유골이 발견되어 세계인들의 주목을 받았다. 이 유골에 '호모 안테세소르(homo antecessor)'란 명칭이 붙여졌다. 고고학뿐만 아니라 모든 학문분야에서 새로운 것을 발견하면 그리스어를 갖다 쓴다. 라틴어를 많이 알면 세계사와 현대 과학을 이해하는 데 도움이 된다. 안테세소르(antecessor)는 '개척자'라는 라틴어. 호모 안테세소르(Homo antecessor)는 "개척하는 인간"이란 뜻이고, 현존하는 인류

아타푸에르카(Atapuerca)
유적지가 있는 곳

를 호모 사피시엔스(Homo sapiens), 즉 "슬기로운 인간 혹은 지혜로운 사람"이라는 의미다. 순례자들은 선사시대의 "개척하는 인간"처럼 사냥은 하지 않지만, 하루 종일 자신의 두 발에 의존한다.

라틴어 이야기가 나왔으니 좀 더 설(說)을 붙인다면, 우리가 매일 사용하는 몸속의 근육(muscles)과 지방(fats)에서 새로운 물질이 발견된다. 최근 연구에 의하면, 운동하면 근육 속에서 수많은 유익한 내분비 호르몬들이 방출된다고 밝혔다. 이것을 마이오카인(myokine)이라고 부른다. 마이오(myo)란 그리스 말로 근육이라는 뜻이고, 카인(kine)은 움직인다란 의미다. 그리고 건강한 사람들은 지방세포에서도 인체 건강에 도움이 되는 각종 호르몬들이 분비된다. 이것을 아디포카인(adipokine)이라고 부른다. 아디포(adipo)란 지방이라는 라틴어.

최근에 화제가 되고 있는 일명 '착한 호르몬'이라고 알려진 아디포넥틴(Adiponectin)은 지방에서 분비되는 화학물질이다. 이것은 비만 예방과 인

슐린 조절에 탁월한 역할을 하는 것으로 알려지고 있다. 아무튼 적절한 운동은 근육과 지방으로부터 좋은 호르몬들이 방출되어 인간의 몸을 더 건강하게 만든다. 최근 국제 공동 연구진에 의하면, 운동은 근육 속에서 분비되는 '이리신(Irisin)'이라는 호르몬이 해마의 크기 증가는 물론 기억력 증가와 치매, 알츠하이머병의 예방과 관련이 있다고 발표했다. 이것을 일명 '운동 호르몬'이라고 부른다. 삶의 질은 멀리 있는 것이 아니라 바로 근육과 지방 속에 숨어 있다.

순례길 도로 옆 안내 간판에서 다른 방향으로 약 2㎞ 떨어진 곳에 선사시대 유물 전시관이 있었지만, 부르고스에 빨리 도착해야 한다는 기대감이 앞서 그냥 지나쳐 버렸다. 한참을 지나 온 후에 후회스러움이 생겼다. 걸어오면서 '생각이 행동에 직접 영향'을 미친다는 깨달음이 생겼다. 영국의 심리학자 리처드 와이즈먼(Richard Wiseman) 교수는 "마치 그런 것처럼( As if principle)" 행동하면 그렇게 된다는 가설을 세우고 많은 실험을 했다. 결론적으로 그의 실험이 증명이 되어 전세계인들에게 크게 반향(sensation)을 일으켰다. 내가 마치 고고학자처럼 행동했더라면, 원시인 유골 전시관에 방문했을 것이라는 숙고의 시간을 가져 보았다. 지금부터 '마치 순례자처럼' 행동해야겠다.

아타푸에르카(Atapuerca)에서 얼마 동안 걷게 되면 언덕이 나타나고 언덕 위에 커다란 나무 십자가가 세워져 있다. 오랜만에 보는 큰 십자가 앞에 잠시 기도를 해 본다. 마음의 "무거운 짐"을 내려놓고, 십자가의 사랑을 묵상해 본다. 이천년 전에 예수님께서 골고다 언덕으로, 무거운 십자가를 등에 메고 지날 때, 그를 향한 무지한 사람들의 조롱 소리가 들려온다. 십자가는 나를 향해 더 낮아지라 하고, 더 비우라고 하지만, 세상은 나를 향해 더 높아지라고 유혹한다. 인류를 구원하기 위한 십자가의 참 사랑이 느껴져 내가 작아진다.

## 십자가

십자가는
나를 향해

점점 더
또,
더욱 더
작아지라
외치는데

세상은
나를 향해

점점 더
또,
더욱 더
높아지라고
부추기네.

열흘 가까이 이 순례길을 걸어왔다. 중간에 인류의 발명품인 버스나 기차 등은 한 번도 이용하지 않았다. 단지, 나를 찾기 위해 새벽부터 일어나 묵상과 기도를 하면서 걸어왔다. 지금까지 약 300㎞ 정도 지났다. 부르고스를 향해 열심히 걷고 있는데 문득, 카미노의 '본질'이 아직 내 마음속에 정착하지 못한 것 같아 자괴감이 든다. 하지만 체력은 점점 잘 적응이 되어가고 있다. 무척 다행이다. 몸과 마음이 하나가 되었을 때, 유익한 순례자의 가치를 발견하리라고 본다.

인간의 모든 문제는 생각에서 출발된다. 인간관계에서 생기는 갈등도 생각의 관점에서 기인된다. 좋은 말은 곧 좋은 행동을 만들어 좋은 결과를 불러오지만, 부정적인 말은 곧 나쁜 결과를 만든다. 말한 대로 이루어진다. 왜 그럴

*잊혀진 나를 찾아 가는 길*

까? 좋은 말은 자긍심(self-esteem)을 높이고 동시에 자기효능감(self-effi-cacy)도 높여준다. 자긍심과 자기효능감은 자신감의 원천이 된다. 무엇이든지 자신감이 있는 사람은 좋은 결과를 이끌어 낼 확률이 높다. 그러나 그것도 너무 지나치면 손해를 불러오게 된다. 자신에 대한 믿음이 크다면 열정적인 행동이 뒤따라오게 된다. 열정은 곧 성공의 어머니가 된다.

행복하고 건강한 사람의 특징은 무엇일까? 그 사람은 좋은 습관을 가지고 있기 때문이다. 습관은 행복의 지름길이며, 인생에 있어 최대의 길 안내자다. 건강한 사람들의 공통적인 부분은 바로 건강한 습관을 지니고 있다는 점이다. 반대로 건강하지 못한 사람들을 살펴보면, 하나 이상의 잘못된 습관을 가지고 있을 확률이 높다. 이 순례 길은 생각하는 묵상의 시간이 점점 풍성해진다. 과거는 물론 현재와 미래를 오가며 시공을 초월한다. 스코틀랜드의 작가이면서 정치가인 사무엘 스마일즈(Samuel Smiles)가 이런 이야기를 했다.

"생각의 씨앗을 뿌리면, 행동을 거둔다.
행동의 씨앗을 뿌리면, 습관을 거둔다.
습관의 씨앗을 뿌리면, 성품을 거둔다.
성품의 씨앗을 뿌리면, 운명을 거둔다."

사무엘 스마일즈가 강조하는 5가지 단어 중 핵심은 '생각과 습관'이라는 단어다. 필자가 오랫동안 대학에서 학생들을 관찰해 보면, 성공하는 학생에게는 성공습관이 있었고, 실패하는 학생에게는 실패하는 습관이 있었다. 특히 무엇을 배우는 사람들은 긍정적인 단어를 선택하여 사용하는 것이 매우 중요하다. 평소에 사용하는 말 중에 자신의 삶을 바꿀 수 있는 긍정적 언어들이 존재한다. 언어는 생각이 만들어 낸다. 긍정적인 생각과 말이 합쳐지면 좋은 습관이 만들어진다. 그 습관들이 축적(accumulation) 되어 결국 성공으로 이끌어 나간다.

긍정적인 생각은 좋은 말을 만들고, 부정적인 생각은 나쁜 행동을 낳는다. 개인이나 집단이 앞으로 일어 날 미래의 상황에 대해 강한 믿음이 존재한다면, 현실에서 강력한 효과가 나타난다는 이론이 있다. 미국 컬럼비아 대학교 교수를 역임한 로버트 머튼(Robert K. Merton) 박사는 "자기 충족적 예언(Self-fulfilling prophecy)"이란 이론을 세워 대중화하는 데 큰 기여를 했다. 긍정적으로 예언을 하는 경우도 있고, 부정적으로 예언하는 경우가 있다면, 부정적인 생각이 더 많은 영향을 미친다고 한다. 우리나라 속담에도 "말이 씨가 된다."는 말과 "믿는 대로 된다."라는 말이 있다. 이것이 바로 '자기 충족적 예언'과 같은 맥락이다. 항상 난, 좋은 말의 씨를 뿌려야겠다.

순례길은 생각하는 습관을 길들이기 위한 좋은 곳이다. 이 길 위에서 걷는 모든 순례자들이 웃는 얼굴로 행복하게 자신의 미래를 개척해 나가길 기원하는 묵상이 이어지는 순간, 바로 등 뒤에서 "Professor Kim!", "Buan Camino!"라고 베이스 목소리의 독일 의사가 먼저 다가온다. 그 뒤 줄지어 따라오는 순례자들의 밝은 미소가 나를 더 순례자답게 만든다. 행복하면 밝은 미소가 생기는지, 미소를 지으니 행복이 다가오는지, 앞으로 좀 더 묵상해 보기로 한다.

노란색 화살표를 따라 걷고 있는데, 뒤에서 따라오던 네덜란드 노인이 왼쪽 길로 가라고 손짓한다. 독일인 의사도 부르고스로 가는 길 중 공장 지대가 나온다고 해서 반대편 다른 길로 가라고 거든다. 공장지대에서 나오는 굴뚝 연기가 걷는 사람들에게 불편을 준다고 한다. 지금까지 우리는 맑은 공기와 호흡하며 걸어왔다. 시내로 가는 길은 가도 가도 끝이 없어 보인다. 시내 방향으로 걸어가는 길은 우리나라 도시와 비슷하지만, 시의 중심지에 들어서니 고풍스러운 건축물이 나타난다. 드디어 부르고스 중심지에 입성하였다. 노란 화살표 표시에 따라 부르고스에서 가장 큰 공익(municipal) 알베르게에 도착했다. 오늘은 이곳에 머문다.

부르고스 대성당(Burgos Cathedra)은 이 도시가 자랑할 만한 세계적인 건축물이다. 국제적으로 많이 알려진 대성당이다. 이 대성당은 13세기에 착공해 16세기에 완성했다고 한다. 이곳은 이미 유네스코 세계유산으로 등재되었다. 이 성당을 쳐다보면 하나의 아름다운 고딕 양식의 작품을 감상하는 것 같다. 이곳에서 우연히 한국에서 파견 오신 수녀님을 만나 이 성당에 관한 이야기들을 듣게 되는 행운을 얻었다. 그때 이 성당을 안내해 주신 그 수녀님께 깊이 감사를 드린다.

부르고스(Burgos)는 생장에서 출발한 순례자들에게 두 번째로 큰 도시다. 부르고스는 첫 번째 만난 팜플로나(Pamplona) 다음으로 인구 약 20만 정도 되는 큰 도시 중에 하나이다. 부르고스에서 앞으로 168㎞ 더 걸어야 레온 (Leon)이라는 또 다른 큰 도시가 나타난다. 시내 구경을 마음껏 하지는 못했지만, 다음 목적지에 향해 일찍 출발하기로 다짐하며 잠을 청했다. 모든 것들이 순간처럼 짧게 느껴지는 밤이다.

"Your success will be determined
by your own confidence and fortitude."

- Michelle Obama -

## 땀방울의 힘


작고

긴 터널을 지나

방울,

방울이 모여

떨어지네

바위를 쪼개고

나를 부셔버리네.

## chapter 4

극
복
하
고,

인
내
하
자

극복하고 잘 인내하려면
메타 인지력(meta-cognition)이 높아야 한다.
메타인지력은 자신이 누구인지,
또 장점과 단점을 잘 아는 능력이다.

# 메세타(Meseta)는 인내를 기르는 훈련소다

　새벽에 침대에서 조심스럽게 일어났다. 몸이 전날과는 달리 약간 찌뿌둥하다. 큰 도시는 시골의 마을과는 달리 '빛과 그림자'가 분명하다. 이곳은 볼거리가 화려하게 꽃을 피우고, 먹거리 등 다양한 정보들이 넘친다. 큰 도시는 바가지요금이나 소매치기로 긴장이 더 높아진다. 그리고 공익 알베르게는 단기 순례자들이 이곳으로 함께 모이기 때문에 항상 순례자들로 넘친다. 따라서 큰 도시는 순례자들에게 '꿀잠'을 기대하기는 어렵다. 이곳은 시골처럼 조용하게 들려오는 종소리는 사라지고, 골목길마다 사람들의 소리만 시끄럽게 들린다. 단순함에 익숙해져 버린 순례자들은 시골길이 다시 그리워진다. 큰 도시인들은 시골 사람에 비해 '사람의 향기'가 느껴지지 않는다.

어제 공익 알베르게에서 순례의 완주를 중도 포기하는 순례자들과 헤어짐을 아쉬워하는 장면이 포착되었다. 서양식 인사로 포옹을 하면서 서로 아쉬워한다. 어떤 사람은 눈시울도 붉힌다. 네덜란드에서 온 그 노신사는 내게 다가와 "You are a good man."이라고 한다. 그 이유는 10년 동안 이 길을 걸어왔지만, 이 길을 걷는 이유에 대해 내가 처음으로 물어보았다고 한다. 그 노신사는 자신의 다리에 문제가 생겨 치료해야 한다고 했다. 또한 독일인 의사는 자신의 일정을 단축하기 위해 지루한 메세타 고원 길을 피해 버스로 레온까지 간다며, 나에게 헤어짐을 아쉬워했다. "Take care Professor Kim, Buen Camino!" 카미노 도사와 네덜란드 노신사와 더 많은 이야기를 나눌 수 없다는 것이 조금 아쉽다. 다음에 이 길 위에서 다시 만날 수 있을까?

부르고스 시내에서 완전한 시골길로 접어들려면 한참을 빠져나와야 한다. 새벽 가로등 불빛에 의존해 화살표를 찾는 것은 쉬운 일은 아니다. 동쪽에서 서쪽 방향으로 향해 다운타운을 벗어날 무렵, 어제 보지 못했던 새로운 건축물들이 시야에 들어왔으나 큰 호기심을 느끼지 못했다. 또 새벽이기 때문에 사진도 남기지 못했다. 시내 변두리까지 지나오다 보니 몇 군데 바에서 문을 열어 놓고 순례자들을 맞이한다.

시내에서 완전히 벗어나면 다시 시골길로 이어진다. 새로운 길을 만나면 노랑 화살표를 찾는 것이 습관이 된다. 이것을 발견하지 못하고 한동안 걷게 되면 마음이 늘 불안하다. 길모퉁이에 잘 보이지 않는 노랑 화살표를 불안했던 마음으로 발견하면, 마음속으로 그 무형 표시판을 향해 무언의 감사함이 넘

친다. 다시 마음의 평정심을 찾아 또 묵상의 시간으로 돌아간다. 시골길과 산길은 참 나를 발견하는 좋은 기회가 된다.

오늘 저녁은 온타나스(Honta-nas) 알베르게에서 잠을 청할 생각이다. 부르고스 시내에서 약 32㎞ 정도의 거리다. 부르고스에서 첫 번째 알베르게가 있는 오르니요스 델 카미노(Hornillos del Cami-no)까지 도착했을 때, 그곳에서 쉬어갈까 아니면 좀 더 진행할까 하는 고민에 빠지기 쉽다. 순례길 800㎞를 감당할 수 있는 체력은 개인에 따라 다르다. 이것을 서로 고려하고 배려하는 마음이 앞서야 한다. 그러나 함께 출발한 부부나, 친구들은 이러한 체력의 차이로 인해 갈등이 생기는 경우도 종종 보았다. 커플 중에 한 사람은 이곳에 쉬자 하고, 또 한 사람은 좀 더 가자고 주장한다. 늘 이기는 사람은 고집이 센 편이 아닐까?

첫 번째 알베르게가 있는 곳까지는 배를 채울 수 있는 곳이 종종 보이지만, 이곳을 좀 지나면 메세타(Meseta) 고원 지대가 시작된다. 이 지역은 고도가 평균 610미터에서 760미터 밀밭 사이로 평원이 이어진다. 약간의 힘든 오르막과 내리막이 없기 때문에 무척 지루함을 느낀다.

*잊혀진 나를 찾아 가는 길*

이곳부터 약 12㎞ 정도 황량한 들판 속으로 걸어가야 한다. 물론 약간의 산길도 만난다. 오르니요스 델 카미노(Hornillos del Camino)부터가 이 길은 '인내의 길'이라고 독일 의사가 알려준 곳이다. 순례자들의 모습은 잘 보이지 않는 '고독한 길'이다.

오늘도
메세타 고원을 걷고 있다
불어오는
세찬 바람 속으로
침묵을 안고.
고독과 벗하며
밀밭 사이로 걷는다.

이 길은
가도 가도 끝이 없다
걷다가 과거도 만나고,
걷다가 묵상을 하면서
하나씩, 둘씩 씻어낸다.
걷다가
세모를 만나고,
네모도 만난다.
그리고
마침내 동그라미가 된다.

그 고난과
역경으로 인해
인생의 본질을 깨닫고,
결국 난,
고독 속에서
인내를 배우며
겸손하고 성숙한 순례자가 된다.


　인내를 배우는 것은 인생의 최고의 축복이다. 한 분야에 우뚝 선 사람들의 특징은 남들이 싫어하는 것을 이겨내는 사람들이다. 그리고 단순하고 반복적이고 지루한 과정을 피하지 않고 받아들이는 사람들이다. 스스로 해병이 되기 위해 자원입대한 훈련병들처럼 말이다. 그들은 군 복무를 마쳐도

*잊혀진 나를 찾아 가는 길*

각 지역사회에서 자발적으로 봉사활동을 통해 보람과 긍지를 느낀다. 또한 훌륭한 스포츠인 들도 그렇다. 인내와 싸워서 이긴 사람들이다. 그들은 모두 대한민국 국가 브랜드를 높이는데 큰 기여를 했다. 장자크 루소는 "인내는 쓰나 그 열매는 달다."라는 명언을 남겼다. 그렇다. 인내는 하나의 기적을 창출한다.

인내의 사전적 정의는 "괴로움이나 어려움을 참고 견딤"이다. 인내의 분량과 만족의 정도가 비례한다고 본다. 인내를 하면서 그 과정 속에서 분명한 성취감을 얻게 된다. 하지만 쉽게 포기해버리는 사람은 성취감을 얻지 못해 늘 자기변명이 앞선다. 이 길 위에서 인내는 참 순례자를 만든다. 이 고독한 길을 이겨내는 자가 바로 '인내의 인간'이 된다. 인내는 장인을 만든다. 참고 견딤은 좋은 순례자가 된다.

하늘은 누구나 장인(匠人)을 허락하지 않는 것 같다. 더 나은 자신을 만들고자 한다면 반복의 지루함을 이겨내야 한다. 피아노 연주를 잘 하려면, 반복적인 연습을 기꺼이 감내해야 한다. 영어를 잘 하려면, 참기 어려운 반복 연습 과정을 즐겨야 한다. 축구를 잘하는 손흥민 선수처럼 양 발을 축구 경기에서 자유롭게 사용할 수 있는 것도, 반복 훈련에서만 가능하다. 그 분야에 두각을 나타낸 사람들은 먹고 잠을 잘 때만 빼고 지루함에 몰입(flow) 하는 힘을 가진 자들이다.

세월이라는 시간 속에 수많은 실패와 좌절을 경험해도, 절대 멈추지 않고 다시 훈련한다. 훈련의 신이 되어야 그들이 원하는 그 분야에서 새로운 에너지가 발현(manifest)된다. 손흥민 선수처럼 되고자 한다면, 그 선수를 흠모하고, 존경하고, 닮고 싶어서, 끊임없이 훈련해야 비로소 그 선수보다 더 창의적인 연습벌레가 될 확률이 높아진다. 안병욱 교수가 "신념은 기적을 낳고 훈련은 천재를 낳는다."라고 명언을 남겼듯이, 결국 연습 벌레(practice bug)는 스타가 될 확률이 높아진다.

메세타(Meseta)는 인내를 요구한다. 누구나가 참고 견디고 또 이겨내야 이 길을 지난다. 그러나 이 길은 분명히 지루하고 힘든 긴 길이다. 피레네산맥을 넘어오는 것은 단 하루만 참으면 되지만, 이 길은 더 많은 날을 인내해야 한다. 인간의 모든 과정은 인내 없이는 성장과 성숙을 기대하기 어렵다. 그래서 자기성찰의 빈도가 늘어난다. 이 길은, 과거를 씻어내고, 욕심과 탐욕을 벗어버리고, 모든 미움과 상처를 내려놓고 오롯이 나만의 묵상에 빠져본다. 이곳부터는 영혼을 향하는 인내의 몸짓이 시작된다.

단 한 번 사는 인생 (You Only Live Once),
온전한 건강을 유지해 나가는 것은, 우리들이 지키는
가장 고귀한 책무다.

# 고난과 역경은 더 큰 기쁨을 잉태한다

하룻밤을 지낸 온타나스(Hontanas) 마을은 작고 정겨운 풍경을 느낀다. 마을 사람들의 표정에 도회지에서는 볼 수 없는 '사람의 향기'가 있다. 중세의 문화가 물씬 풍기는 교회 건축물이 마을 가장 중요한 곳에 위치하고 있다. 교회 건축물이 마을의 위상을 말해준다. 그 건물 앞을 바라보는 내 마음이 왜 고요해지고 엄숙해지며 작아질까? 천년의 세월을 이겨낸 이 길 위에 세워진 성당에서 울리는 종소리는 평온하고 화목한 안식의 소리다. 종소리는 어김없이 그 시간이 되면 자유롭게 울려 퍼져 나간다. '진리와 자유' 그리고 안식의 종소리가 이 메세타(Meseta) 작은 마을까지 이어져 온 이유는 무엇일까? 분명히 이 종소리는 순례자들의 마음을 흔들고 지나간다.

어제 부르고스에서 메세타가 시작하는 고원지대에 들어오면서 가로수 같은 큰 나무들이 도로 주변에 없다는 사실을 직접 눈으로 확인한 후 마음속으로 긴장을 하고 걸었다. 우리가 가는 방향은 동쪽에서 서쪽 방향이라 태양은 항상 등 뒤에서 이글이글 댄다. 이 마을은 작은 마을이기도 하지만 언덕 밑으로 마을이 형성되어 있어 멀리서는 잘 보이지 않는 요새 같은 마을이다. 바로 마을 입구에 다다랐을 때 비로소 언덕 아랫마을의 형태가 시야에 들어오면서 마음의 기쁨이 배가되었다.

이곳은 큰 도시인 부르고스와는 대조적으로 한적하고 조용하다. 어젯밤은 큰 도시에서 누리지 못했던 꿀잠을 이루었다. 새벽에 잠에서 깨어 차근히 모든 출발 준비를 마친 후 제임스 목사와 간단한 기도를 마쳤
다. 오늘의 목적지는 프로미스타(Fromista)까지다. 생각보다 먼 거리다. 만약 뜻하지 않은 기후 조건이 발생하면 30㎞ 넘는 주변 마을에서 머물기로 약속을 하고 걷기 시작했다.

지금까지 약 330㎞ 지나왔지만, 앞으로 목적지인 산티아고까지는 더 많이 걸어가야 한다. 나의 체력은 점점 이 길에 잘 적응이 되지만, 지금부터는 정신적 체력이 동반되어야 한다. 자기와의 긴 싸움이 시작되는 길이다. 특히 메세타 지방은 새벽에 출발해야 걷기의 효율성이 높아진다. 태양이 등 뒤에서 비추기 전에 멀리 달아나야 하기 때문이다. 신발 끈을 다시 매고 오늘의 목적지를 향해 힘차게 출발했다. 새벽의 찬 공기와 부딪치며 보폭의 속도가 빨라진다.

메세타 지방의 순례 길은 마을과 마을로 이어지는 간격이 지나온 길보다 더

길게 느껴진다. 항상 비상식량과 물은 출발 전에 어김없이 챙겨야 한다. 이 길에서 물은 생명이다. 이 땅은 황량한 사막 형태의 건조한 땅이다. 가끔, 세찬 바람이 불어오고, 또 소낙비도 예고 없이 내린다. 아침저녁은 기온이 내려가지만 낮에는 더워지는 낮과 밤의 일교차가 비교적 심한 편이다. 지나가는 길에는 그늘이 될만한 큰 나무들이 없어 쉴만한 곳도 없다. 이 길은 별로 변화가 없는 지루한 길이 연속적으로 이어져 있어 누구나 지루함을 느끼는 힘든 길이다. 이 길을 걸으며 환경이 사람의 마음에 어떤 영향을 주는지에 대해 묵상해 본다.

　'레미제라블'의 저자 빅토르 휴고는 "지옥 같은 고통보다 약간 더 끔찍한 일이 있다. 바로 지옥 같은 지루함이다."이라고 표현하고 있다. 현대인들은 지루함을 못 견디고 싫어하는 특징이 잠재되어 있다. 이 길을 걸어본 순례자들 사이에 '메세타 지방은 지루하고 힘든 길'이라고 이미 오래전부터 낙인을 찍고 말았다. 순례자들은 이러한 정보를 습득하게 되면 자기 직관에 의존하여 쉽게 수용해버리는 경우가 많다. 그래서 긍정적인 기대보다는 부정적인 기대에 더 많은 영향을 받게 된다. 걷다가 세찬 바람이나 비 속에서 헤맬 때는 부정적인 정서가 더 증폭되어 불평을 쏟아내는 경우가 있

다. 그래서 "역시 메세타는 힘들어!"라고 받아들인다.

　미국 심리학자 하워드 베크의 낙인 이론(Labelling theory)이 있다. 우리에게 널리 알려진 스티그마 효과(Stigma effect)란 이론과 동일한 개념이다. 이것은 한번 누군가에 의해 부정적인 낙인이 찍히는 말이나 글이, 실제로 이 사실을 받아들이는 사람들에게 나쁜 인식이 지속된다는 현상을 말한다. 메세타 지방의 환경은 척박하고 힘이 들지만, 이 현상을 긍정적으로 받아들이면 그 길이 순탄하고 보람을 느끼는 위대한 길이 되고 반대로 부정적인 상황을 마음속으로 수용하게 되면 불평과 불만이 발생하여 부정적인 추억이 쌓인다. 만약 후자에 마음이 수용된 순례자들의 반응은 '다시는 이 길을 오지 않는다.'라고 선언하게 된다. "그쪽을 향해 오줌도 안 싼다."라는 말처럼 그곳에 염증을 느낀다는 부정적인 인식을 말한다.

　우리의 인생에서 크고 작은 메세타와 같은 인생의 길을 만난다. 사실 '길은 인생이다.' 어떤 길이든지 자신에게 상황이 주어지면 그 길을 가야 한다. 물론 피할 수 있다. 하지만 피하는 것보다 그 길을 통과해야 새로운 또 다른 길이 연결되므로 그 길을 피하지 말고 당당하게 걸어가야 또 다른 유익한 길이 나타난다. 물론 평범한 길보다 힘이 들고 어렵지만, 용기를 내어 걸어가야 하는 길이 바로 메세타 지방의 길이다. 이 길을 통과하면 무형적인 '인내'라는 열매가 있다. 이것은 돈으로 살 수 없는 인생에 있어 가장 고귀한 가치를 지닌다.

사람의 마음에는 항상 양면성이 존재한다. 낙인이론에 상반된 이론 중에 피그말리온 효과(Pygmalion effect)란 이론이 있다. 이것은 타인으로부터 긍정적인 기대가 더 나은 결과를 만들어 낸다는 이론이다. 메세타 고원을 지나가는 길에 대하여 '이 길은 분명히 나에게 유익한 선물일 거야'라고 기대한다면 그러한 결과가 나타난다는 것이다. 이 이론은 앞에서 설명한 자기 충족적 예언(self-fulfiling prophecy)과 동일한 개념이다. 하버드대학교 로젠탈(Robert Rosenthal) 교수는 피그말리온 효과를 검증하기 위해 평생 동안 연구하여 결실을 보았다. 그는 교사의 기대가 학생들의 성적에 영향을 준다는 연구가 많았다. 그리하여 심리 학회에서 그의 공로를 인정하여 일명 로젠탈 효과(Rosenthal effect)라고 부르고 있다.

어떤 생각을 하고 이 길을 걸어가느냐에 따라 순례자들은 긍정적인 결과를 창출하여 다른 사람들에게 유익한 영향을 주는가 하면, 반면에 동일한 길에서 부정적인 경험에 매이게 되어 타자들에게 나쁜 영향을 주는 이들도 있다. 늘 경험적으로 보아 부정은 긍정을 이기지 못한다.

잊혀진 나를 찾아 가는 길

새벽에 출발하여 산 안톤(San Anton)을 지나서 카스트로헤리스(Castro-jeriz) 마을로 지나고 있었다. 이 마을도 작고 한적한 느낌을 준다. 중세 카미노에 중요한 정착지였다고 전해진다. 마을을 빠져나가는 산봉우리에는 9세기의 유적지가 있었지만, 마음의 에너지가 충분하지 못해 감상을 하지 못하고 지나쳤다. 약간 경사진 오르막길이 이어지지만 충분히 극복할 수 있는 곳이다. 모스텔라레스(Alto de Mostelares) 언덕을 넘으면 내리막길이 길게 이어진다. 이테로(Itero)에서 한참을 걷게 되면 피스에르가(Canal Pisuerga) 운하를 만난다. 보아디아 엘 카미노(Boadilla del Camino) 마을을 지나 또 다른 카스디야 운하(Canal de Castilla)를 만난다. 이 근처는 지나온 메세타 지역과는 달리 물이 흐르는 운하 시설과 포플러 나무와 멀리 보이는 목초지로 서정적인 시골 분위기를 연출해 준다.

한 발자국,
한 걸음이
내 이마에 온통
땀방울을 맺히게 만든다.
동에서 서쪽으로
자기 그림자를 향해
걸어가는 그대는
메세타의 시인이 된다.
거센 바람 속으로
추적추적 비를 맞으며
걸어가는 그대는
자신의 삶에 무한 감사를 느낀다.
끝이 보이지 않는
긴 순례길

언덕을 만나면
모든 힘을 다 쏟는다.
거대한 산을 만나면
자연의 위대함 앞에
피조물의 한계를 실감한다.


　메세타의 짓궂은 날씨와 건조한 기후 그리고 변화를 거부한 지루한 상황이 순례자들을 힘들게 하지만, '메세타는 힘든 길이다'라고 무의식적으로 편향적 사고를 가지게 되면, 내면에 잠재된 즐거움도 사라진다. 편향적 생각은 늘 오류와 시야를 좁게 만든다. 메세타 지방을 지나오면, 한두 번의 비와 바람과 씨름을 해야 한다. 옷이나 신발 등이 비에 젖었지만 밤사이에 모두 건조한 상태가 되면, 기쁨이 또 몇 배로 늘어난다. 인생도 마찬가지로 좋은 일이 있으면, 어려운 일도 생기게 된다. 낙관적인 태도는 긴 여정을 행복하게 만든다.


　날이 갈수록 반복되는 일상이지만 혼자만의 생각하는 시간이 늘어남에 따라, 나를 나답게 만들어 간다. 걷다가 마음을 모으고 간절한 마음으로 기도할 때, 감사의 눈물이 내 영혼을 더 맑게 한다. 또한 지나간 과거를 하나씩 끄집어 내어 다시 새롭게 정리하게 만든다. 필자는 젊은 시절에 해병대에 자원입대하였지만, 그곳에서 인간으

로서 기본 권리와 자유를 빼앗겨 버린 졸병 시절도 있었다. 그 당시 군대 문화는 지금처럼 민주적인 분위기와는 멀었지만, 그 시절도 난, 감사하게 생각한다. 지금도 그들을 만나면 형제처럼 동지처럼 느껴져 감사한 마음으로 그들을 대한다. 인생은 모두 다 마음먹기에 따라 달라진다는 사실을 굳게 믿고 걸어가고 있다. 내일도 더 낙관적인 마음으로 하나님이 허락한 이 우주의 한 모퉁이에서 감사의 노래를 부른다.

"인간사에는 안정된 것이 하나도 없음을 기억하라.
그러므로 성공에 들뜨거나 역경에 지나치게 의기소침하지 마라."

– 소크라테스 –

# 나를 이기면, 길이 열린다

　어제는 광활한 밀밭 사이로 그지없이 걸어오다가 수로(waterway)를 만났다. 지금은 수로처럼 보이지만 오래전에는 곡물을 나르는 운하(canal)였다. 긴 수로를 따라 만난 타운이 바로 프로미스타(Fromista)다. 프로미스타는 라틴어로 곡물이라는 뜻으로 보아 곡창지대란 것을 알 수 있다. 카스티야(Castilla)의 운하는 프로미스타로 뻗어져 타운과 마을 사이로 이어져 있다. 수로의 길이가 약 270㎞나 된다고 한다. 긴 수로를 튼튼하게 만들어 지금까지 물이 흐르는 것을 보니 인간의 지혜가 경이롭다. 프로미스타는 중세 유적지가 많으며, 한눈에 보아도 비옥한 농토가 빵 문제를 해결하는 곡창지대로 적합한 땅인 듯 싶다. 타운으로 이어진 수로 옆으로 큰 나무들이 우리를 반긴다.

오늘을 시작하는 새벽이 되니 눈이 저절로 떠졌다. 상쾌한 새벽은 어제가 만든 작품이다. 이 길에서 늘 느끼는 생생한 경험은, 잠을 잘 자고 나면, 정상적인 몸으로 만들어진다는 사실이다. 새벽 5시 반에 일어났지만, 내 몸은 어제의 몸 상태가 아니라 다시 생생한 정상적인 몸으로 변했다. 깊은 잠(deep sleeping)을 자는 사이에 뇌하수체에서 각종 신비한 화학물질이 분비되어 정상적으로 균형을 맞추어 준다. 이것은 인체 생리학에서 항상성(homeostasis)이라고 한다. 이 항상성이 무너지면 각종 질병이 찾아오게 된다. 항상성이란 몸의 기능을 정상적으로 만들어 가려는 생리적인 현상이다. 예를 들어 살아움직이는 생명체는 외부의 환경이 변하더라도 일정하게 유지되는 체온 같은 현상을 말한다. 또한 낮 동안 충분한 햇빛에 노출되면 비타민 D가 활성화 되어 잠을 오게 하는 멜라토닌 호르몬이 자극을 받아 수면의 질을 높인다. 저녁 11시부터 새벽 2시까지의 깊은 수면이 가장 효과가 있다. 현대인들은 이 수면 리듬을 거역해서 생기는 질병에 유의해야 한다. 그래서 잠은 보약이다.

지난밤에 잠을 잘 이룬 것은, 많이 걸어서 몸이 더 피로감을 느낀 데다 알베르게마저 무척 조용했기 때문이다. 이 알베르게는 브라질 청년, 벨기에(Belgie)에서 사이클을 타고 출발하여 레온(Leon)까지 이동 중인 부자(父子), 그리고 제임스 목사와 나뿐이었다. 벨기에인의 아들과 아버지는 1주일 휴가를 얻어 여기까지 왔다고 한다. 내일이면 레온에 도착하여 비행기로 귀국할꺼라고 했다. 하루 평균 200~250㎞ 정도를 달렸다고 했다. 메세타 지방은 평지라서 더 달리고 싶은 마음이 앞서, 조금 무리하다가 타이어에 문제가 생겨 수리하고 오느라 늦었다고 설명했다. 이들 부자도 역시 '빠른 시스템'을 하다가 오류가 생긴 모양이다. 늘 과한 욕심은 '숙고 시스템'을 마비시켜, 시련의 먹이사슬이 된다. 하지만 그 아들과 아버지는 시련을 통해 부자간의 관계가 더 돈독해지지 않았을까?

어제 동네 바에서 저녁 식사 후 알베르게로 돌아왔을 무렵에 그 아들과 아버지가 지친 얼굴을 하며 알베르게로 들어왔다. 늦은 편이었다. 아들과 아버지의 격의 없는 대화와 친구처럼 다정한 모습이 인상적이다. 늘 엄하게만 느껴졌던 우리 세대의 아버지와 비교하니 부럽기까지 했다. 아버지가 아들의 능력을 치켜세워주니, 그 아들도 아버지의 인내심을 높이 평가하며 자신의 아버지를 존경한다고 한다. 아버지는 룩셈부르크 한 대학병원 수술 담당 외과 의사이고 아들은 대학생이다. 그들은 다음 기회에 산티아고까지 반드시 완주하겠다고 결심한다.

오늘도 약 40㎞로 목표를 삼았다. 타운을 벗어나자 곧바로 자동차 도로와 우리가 걸어가는 길이 나란히 펼쳐져 있다. 길은 일자로 쭉 뻗어 있어 걷기의 총량은 단축되지만 심리적으로 매우 지루하게 느껴진다. 곧게 뻗어진 직선 도로를 끊임없이 걸은 후에야 겨우 작은 마을이 시야에 들어온다. 이 길은 마을과 마을 사이의 간격이 무척 멀다. 이와 같이 지루한 길을 만날 때, 묵상을 통해 시간을 보내는 것이 최고 좋은 방법이다. 이것을 나는 '묵상 체력'

이라고 정의한다. 타인들을 만나면 '경청 체력'도 중요하다. 잠복해 있었던 생각을 하나씩 끄집어내어 세탁을 한 후, 그 생각이 잘 정리가 되면, 다음의 생각을 꺼낸다. 한참 묵상을 하고 걷고 있는데, 브라질 청년이 내 앞을 지나고 있다. 늘 묵상에 깊이 빠지게 되면 보폭의 속도가 줄어든다. 생각에 깊이 잠기다 보면, 노란 화살표를 잊어버리고 걷는 경우도 있으니 주의해야 한다.

메세타 길을 걸을수록 순례자들의 수가 작아지는 것 같았다. 순례자 중 자신의 오기로 걷다가 더 이상 버티지 못해 버스를 이용하여 이동하는 순례자들이 늘어나고 있다는 이야기를 들었다. 어제는 좀 많이 걷기도 하였지만, 단조로운 길 위에서 피로감이 더 증폭된 것 같다. 마음먹기에 따라 달라진다고는 하지만 개인의 차이에 따라 다르다는 것을 느낀다. 이 길을 걸으며 묵상을 즐기다

보니 지루함도 잠시 잊어버린다. 이와 같이 묵상하는 실천은 언제나 지루함을 달래주는 유용한 습관이 된다.

어제는 카스트로헤리스(Castrojeriz) 마을을 벗어나면서 오르막 언덕을 넘어 모스텔라레스 고개를 만난다. 높은 언덕에서 우리가 가야 하는 방향을 바라보면, 지평선 끝 까마득한 곳부터 펼쳐진 들판이 한눈에 들어온다. 언덕에서 곡식이 자라는 큰 들판을 보니 문득, 톨스토이의 유명한 단편소설 "사람에게는 얼마만큼의 땅이 필요한가?"에서의 땅값 계산 방식이 생각났다. 단편 소설이지만 인간들의 탐욕에 대한 교훈이 담긴 소중한 글이다.

그 소설은 당시 내려오는 옛날이야기를 톨스토이가 의미 있게 꾸며 놓은 책이다. '땅값 계산 방식'은 자신이 밟고 있는 땅이 자신의 땅의 소유가 된다는 규칙이다. 농부 '바흠'은 한 평의 땅이라도 더 가지기 위해 늦게까지 뛰다가 날이 어두워지자 기진맥진하였다. 결국 그는 다시 그 언덕을 넘어 출발 지점에 도착하자마자 죽고 말았다. 결국 그가 차지하고 싶었던 큰 들판이 아니라 땅속에 들어갈 땅, 단지 3평뿐이었다. 이 광활한 메세타 농지를 보니 '바흠'의 탐심이 이해가 된다. 이러한 탐욕을 경계하라는 교훈은 불교 성전에도 있고, 성경에도 있다. "탐욕은 죄를 잉태한다."

메세타 고원지대는 하나도 막힌 데가 없다. 높은 산이 없기 때문이다. 지평선은 까마득한 먼 곳에서부터 서있는 발 앞까지 한눈에 들어온다. 산지(山地)가 많은 우리나라와는 달리 광활한 평야를 보면 놀랍고 신기하게 느껴진다. 필자가 유학시절에 오래 살았던 미국도 평야가 많은 곳이 있지만, 그때는 자동차로 이동하여서 지금처럼 경이로움을 못 느꼈다. 광활한 밀밭 사이로 걷고 있노라면, 이 땅은 많은 사람들을 살리는 축복의 땅임에 틀림없어 보인다.

메세타 길이란 알고 보면 자기와의 싸움의 길이다. 나를 싸워서 이기는 자에게만 이 길이 열려있다. 수많은 스포츠맨들은 자기와 싸우는 연습을 해야 세계 수준의 스타 반열에 오른다. 이 길도 자신을 이겨야만 산티아고의 최종 목적지에서 기쁨의 영광을 얻게 될 것이다. 최초로 에베레스트산 등정에 성공한 뉴질랜드의 산악인 '에드먼드 힐러리(Edmund Hilary)'는 기자들 앞에서 "내가 정복한 것은 에베레스트산이 아니라 나 자신이라는 말을 남겼다." 멋진 명언이다. 메세타의 길을 일부러 피하기 위해, 버스나 기차로 이동하는 사람은 이미 자신에게 진 것이다.

최근 통계에 의하면, 외환위기에 자살률이 크게 늘었고 2000년대 지나서 더욱 증가 추세로 2021년 인구 10만 명당 26.0명으로 보고되고 있다. 이 기록은 이미 세계 1위가 된지 오래다. 우리나라의 경우 삶의 무게를 이기지 못해 자살하는 수가 늘어나고 있는 추세다. 한마디로 자기를 사랑하는 마음, 즉, 자존감(Self-esteem)이 낮아서 그렇다. 한 인간의 개체는 광활한 우주 속에서 유일하게 존재하는 소중한 사람인데, 그 가치를 스스로 느끼지 못해서 생명까지 포기해서는 안 된다. 우리들 문화 속에 쉽게 타인과 비교하는 잘못된 심리가 존재한다.

걷다 보면,
생각이 정리된다.
걷다 보면,
나를 만나고
내가 누구인지 깨닫게 된다.

나는 누군가?
무엇을 위해 살아가는가?
나는 가치 있는 인간인가?
걷다 보면,
정리된다.

걷다가
인생을 만나고,
걷다가 건강을 얻게 되고,
참 인생을 발견한다.

그늘이 없는 길을 한동안 묵상하면서 걸었다. 이 길은 변화가 없는 길이라 심리적으로 더 힘든 느낌을 준다. 어느덧 케리온 데 로스 콘데스(Carron de los Condes)를 지나고 있다. 이곳은 산티아고 순례길 800㎞ 중 절반에 해당하는 400㎞를 정복한 셈이다. 마음속으로 '나도 해낼 수 있어'라는 낙관적인 노래가 퍼져 나간다. 동시에 자신의 두 발로 걸으면서 광대한 대지의 큰 기운을 느낀다. 내 인생에 두 발로 400㎞를 걷는 것은 태어나서 처음 있는 일이다. 이곳까지 무사히 걸어온 것에 대해 하나님께 감사를 느낀다. 스스로 자축하는 마음이 생겨 장단과 함께 덩실덩실 어깨춤이 절로 나온다.

열린 오감으로 새소리와 바람 소리 그리고 '인간의 향기'까지 체험하는 것은 하나님이 허락한 소중한 선물이다. 이 길은 인간의 본질을 깨닫게 해 준 소중한 길이다. 탐욕으로 걷는다면 얼마 못 가서 지쳐 버릴 것이다. 따가운 햇볕 속으로 오직 가난하고 낮은 마음으로, 소망을 가지고 걸어간다. 얼마 후, 마음속에서 새로운 감사가 소리 없는 눈물과 함께 춤을 춘다. 이 길을 걷는 여성들 중 속눈썹을

붙이고 걷는 사람은 한 사람도 없다. 또한 화려하게 화장한 분들도 없다. 사소한 욕망까지 다 버려야 길이 열린다.

사아군(Sahagun)에서 커피와 빵을 먹으며, 잠시 휴식을 취하고 있는데 이곳저곳에 유적물이 많이 보인다. 사아군 타운을 지나서 자동차 도로와 나란히 쭉 뻗은 길을 걸으며 도착한 곳이 칼사디야 데 로스 에르마니요스 (Calzadilla de los Hermanillos) 타운이다. 사아군에서 이곳까지는 무척 긴 구간이라 물통에 물을 가득 채워야 한다. 이 타운을 벗어나면 어떠한 그늘도 없는 길을 걸어야 한다. 가도 가도 끝이 없어 보인다. 묵상 체력도 바닥이 났는지 제대로 작동되지 않는 것 같다.

에너지가 다 고갈된 후에 도착한 곳이 칼사다 데 코토(Calzada de Coto)의 작은 마을이다. 인생을 살아가면서 느낀 것은 "자기 자신이 최고의 자산인 동시에 또 최고의 적이 된다"는 사실을 다시 한번 깨닫는 시간을 가졌다. 내게 가진 것에 만족하고 소중히 여겨야 작은 평안이 생긴다. 하지만 늘 타인과 비교하는 습관은 늘 불행만 찾아온다. 무엇을 그렇게 더 가지려고 욕심내지 말고, 자신이 소유한 것에 감사해야 한다. 언젠가는 우리의 몸도 버려야 할 때가 온다. 자신의 역사의 종말이 올 때는 이 세상에 아무것도 소용이 없다. 오늘은 더 나은 내일을 기대하며 에너지를 마음껏 충전하고 싶다.

오래된 질병은 아름다운 삶을 빼앗아 가지만,
온전한 건강은 만족과 기쁨을 잉태한다.

# 나를 만나면, 나는 누구일까?

　어제 사아군(Sahagun) 시내를 짧은 시간 동안 지나오면서, 건축 양식이 좀 색다르다는 것을 느꼈다. 산 베니또 아치(Acro de san Benito)의 사적지를 촬영하다가 문득 독특한 느낌을 받았다. 필자가 지금까지 스페인에서 보았던 전통방식과는 거리가 멀어 보였다. 그래서 주변에 주민과 이야기를 해보니, "무데하르(Mudejar)"라는 건축 양식이라고 말한다. 무데하르 건축양식이란 12~16 세기 중에 아라곤과 카스티야 지방에서 건축물과 문양 등에 이슬람적 취향이 스며든 독특한 건축 형태라고 설명한다. 그래서 이곳 사아군 도시의 건물들은 유럽 국가에서 흔히 볼 수 있는 고딕 양식(Gothic art)과는 다른 느낌을 준다. 참고로 고딕은 로마네스크와 르네상스의 시대에 나타난 현재의 유럽의 건축물의 형태라고 해석하면 된다.

사하군 타운을 벗어나 세아강 다리를 건너 길을 따라 걸어가다 보면, 또 다른 고속도로를 건너는 육교를 지나야 한다. 거기에서 한참을 걷다 보면, 두 갈래 선택 길이 나타난다. 나와 제임스 목사는 고대 로마 길에 흥미를 느껴 오른쪽 길을 선택하였다. 오랫동안 걸어가다가 아름다운 작은 마을을 만난 곳이 칼사다 데 코토(Calzada de Coto)다. 지자체에서 제공되는 작은 규모의 알베르게다. 이곳에선 영국에서 온 순례자와 프랑스에서 온 노신사 그리고 제임스 목사와 나 총 4명이 큰 공간을 이용했다.

마을 근처에 재래식 포도농장이 많이 보인다. 메세타 지방은 밀과 보리농사가 주인데 포도농장은 좀 이색적으로 느껴진다. 우리가 지나 온 라 리호아(La Rioja) 주는 온통 포도 농장만 보였는데, 그곳에 비하면 이 동네 포도 농장의 규모가 무척 작아 보인다. 동네 한 바퀴를 구경하는데, 어디서 구슬픈 피리 소리가 들려왔다. 그 피리 소리를 쫓아가보니, 이미 몇 사람들이 그 집 앞에서 피리 연주를 감상하고 있었다. 열심히 듣다가 곡이 끝날 때마다 큰 박수와 "Bravo"라고 응답하면서 진정으로 감사를 보냈다.

그 연주자는 자기 부인의 부축을 받는 것과 선글라스 착용 그리고 지팡이

를 지니고 있는 것으로 보아 맹인이었다. 그는 나를 향해 어디서 온 순례자인지 물었다. 한국에서 온 순례인인데, 오늘 이 마을에 머문다고 말하자, 그는 바로 그 자리에서 와인 창고로 가서 포도주 한 잔을 대접하겠다며 자기를 따라오라고 안내했다. 마음속으로 호기심이 느껴졌다. 이 마을에 잠시 방문한 스페인인 두 사람과 함께 그 맹인을 따라 자기 집 바로 근처 재래식 와인 지하 창고 안으로 들어갔다. 그런데 신기하게도 부인의 부축 없이 지팡이 하나로 앞장서서 정상인처럼 걸어갔다.

이미 와인 창고에는 안주가 될 만한 치즈와 초리소가 있었다. 그는 우리에게 와인을 한 잔씩 따라 준 후, 스페인 민요 3곡을 연주해 주었다. 세상에서 그렇게 맛있는 포도주는 처음 마셔 보았다. 시간이 흘러 알베르게로 돌아가려고 할 무렵, 와인을 3병이나 선물로 주었다. 그 농장에서 가장 고급 와인이라고 한다. 마음속으로 빚진 것 같아서 완강히 거절을 했다. 그러나 그의 성의에 감복하여 단 한 병만 달라고 했더니 결국 2병을 받아 알베르게로 돌아왔다. "Uno, Please."라고 했지만, 내 손에는 두병이 전달되었다. '우노'란 스페인어로 하나란 의미다. 숙소로 돌아오니 제임스 목사가 걱정스러운 얼굴로 나를 기다리고 있었다. 제임스 목사께 그 영웅담 이야기를 전해주니 무척 좋은 경험을 하고 돌아왔다고 부러워했다. 그가 진심으로 나를 염려해 주는 것 같아 마음속으로 감사했다.

아침에 일찍 일어나 다음 목적지인 만시야(Mansilla)를 향해 출발할 준비를 마쳤다. 제임스 목사와 어제저녁에 있었던 그 이야기를 다시 나누며 걸

잃어진 나를 찾아 가는 길

어갔다. 걷다가 그 길에서 제일 먼저 보이는 마을에서 식당을 찾았다. 그 와
인 두 병으로 인해 무척 힘들었다. 첫 번째 마을 카페에서 아침을 해결하면
서 그 주인에게 라벨이 붙어있는 와인 한 병을 선물했다. 두 손으로 받아 든
주인은 라벨과 내 얼굴을 번갈아 쳐다보면서 "Muches Gracias"라고 여러
번 감사를 전한다.

그 식당 주인은 말했다. "그 포도주 농
장의 와인 맛이 일품이고, 또한 그 농장 주
인도 인심이 좋은 분이다."라고 전해준다.
그 식당 주인은 즉시 주방으로 가더니 새
우튀김을 서비스로 내놓았다. 옆에서 이
광경을 보고만 있던 제임스 목사는 경이
로운 표정을 짓고 있었다. 아무튼 두병 중
한 병을 내려놓으니 걷는 발걸음이 무척

식당 주인

가볍게 느껴졌다.

우리가 선택한 이 길은 지루하기 그지없다. 제임스 목사와 내가 충분한 정보를 검토하지 않고 즉석에서 결정한 결과다. 판단의 오류였지만 지루했던 이 길 위에 새로운 스토리텔링이 만들어진 것이다. 마치 순례자들의 인내를 시험하기 위한 길 같다. 이 길은 자갈길로 이어져 가도 가도 끝이 없어 보이는 길을 걸어야 한다. 이 길은 고독이 찾아오는 길이다. "피할 수 없다면 즐겨라"라는 말처럼 즐기는 방향으로 숙고하는 시간을 가져야 한다. 이때 필자의 주특기인 '묵상 체력'을 가동한다. 고독을 느낄 때는 자신을 성찰하라는 신호가 아닐까?

진정한 나를 찾고자 할 때 자신에 대한 존재의 가치와 존엄(dignity)을 발견하게 된다. 그 깨달음은, 바로 내가 누구인지, 나는 어디로 가고 있는지, 나는 진정 이 우주에서 가치가 있는 인간인지에 대한 참된 자신을 성찰하게 된다. 이 순례 길에서 자기 성찰은, 자신이 인생에서 유일하게 배푸는 하나님의 선물이다. 언제 어디서든지, 자신이 우주와 함께 참된 생명의 가치를 느끼고 살아가는 그 사람은 자신의 인생에서 성공한 사람일 것이다. 아무리 부와 권력을 경험한 사람이라도, 타인을 폄하하거나 낮추고 깔보는 그 사람은 자기의 존엄을 스스로 버리는 사람일 것이다.

누구나
죽음 앞에 서면
인간의 본연의
모습으로 돌아간다.
하지만,

잊혀진 나를 찾아 가는 길

아직도 자신이
이 세상에
매여 있다면
그대는
세상의 속물(俗物)이 된다.

　현대사회는 인간이 만든 문명의 이기로 인해 인간의 본연의 모습을 점점 잃어간다. 걷기는 인간의 가장 중요한 섭리(literacy)다. 인간은 걸어야 건강해진다. 하지만, 자동차나 각종 기계문명에 의해 건강의 권리마저 빼앗겨 버린다. 게다가 인간은 스스로 판단하는 주체인데 인공지능 (AI)에 의해 잠식(encroach) 당하고 있다. 또한 사고의 균형을 만들어 자신과 다른 사람들을 이해하고 배려 해야 하는 사회적 건강마저 병들어 가고 있다. 특히 최근에는 유튜브 시청으로 인해 '확증편향'을 점점 부추기고 있는 실정이다. 확증편향이란 자신이 편향된 정보에 익숙해져 다른 정보들은 관심이 없거나 무시하여 왜곡된 현상을 만드는 행위를 말한다. 이러한 현상이 심화되면 균형 잡힌 사회 현상을 만들어 가기 힘든 세상이 되고 만다.

　오늘 이 길을 걸으면서 육체적으로는 힘이 들었지만, 나를 발견해 나가는 유익한 시간이었다. 나를 찾아내는 시간이 늘어나면, 메타인지력(meta-cognition)을 높이는 좋은 기회가 된다. 메타인지력이란 간단히 설명하자면 자신이 자기를 판단하는 인지 중의 인지라고 생각하면 된다. 이 메타인지 이론은 발달심리학자인 존 프라벨(John Flavell) 박사에 의해 최초로 붙여진 이름이다. 메타(meta)란 라틴어로 "초월하여, 중에서, 넘어서, 높은"
이란 뜻이다. 이 길을 걸으면서 걷기를 통해 메타인지력을 높일 수 있는 몇
가지 방법을 누구나 따라 할 수 있게 필자의 경험 중심으로 설명해 보면 다
음과 같다.

첫째, 자신의 잠재 능력이나 장점을 발견해 낸다. 걸으면서 묵상을 통해
나의 과거와 현재 사이에 자신이 잘 해낸 것이 무엇인가를 찾아내 머릿속에
각인시킨다. 누구든지 타인들이 가지지 못하는 장점이 있다. 그것을 모르고
지나가는 사람들이 많다. 왜냐하면 자기를 찾는 시간을 가지지 않아서 그렇
다. 자신의 장점을 발견하면 자긍심(self-esteem)이 높아지기도 하지만, 다
른 사람들과 비교되어 생기는 열등의식도 사라진다.

둘째, 자신이 무엇을 좋아하는지를 생각 속에서 끄집어낸다. 자신이 지금
까지 무엇을 할 때 가장 좋아했는지를 발견하는 작업이 필요하다. 필자는 책
을 읽을 때가 가장 좋은 시간이다. 누구든지 자신이 좋아하는 일을 자발적
으로 하는 무엇인가가 있을 것이다. 그것을 찾아 더 발전시켜 나가면 된다.

셋째, 자신이 지금까지 경험 중에 가장 싫어하거나 견디지 못하는 일이 무
엇인가를 찾아내는 작업이다. 누구나가 어떤 일을 수행하는 데 거북해 하는
일이 있다. 자신은 땀 흘리는 운동을 제일 싫어한다고 스스로 자신에게 낙
인을 찍고 있었던 한 여학생이 있었다. 편향된 사고로 인해 운동을 멀리하
게 되면 건강한 몸을 만들 수 없게 된다. 이러한 것은 생각을 바꾸어야 그 일
을 즐길 수 있다.

넷째, 스스로 자신의 능력을 높이려는 그 현장에서 땀을 흘리고 있는가?
를 살펴보아야 한다. 만약 자신의 능력을 극대화하는 그 현장이 없다면, 그

현장에 가기 위한 행동이 필요하다는 사실을 잊지 말아야 한다. 무늬만 키우려는 값싼 노력은 메타인지력을 높이는데 실패하고 만다. 능력을 향상시키고 싶다면, 그 능력을 키우는 현장에서 땀을 흘려야 한다.

만시야 데 라스 물라스(Mansilla de las Mulas) 타운이 시야에 들어올 무렵 갑자기 하늘 색깔이 어두워지면서 비가 곧 내릴 것 같은 느낌이다. 아무리 비가 온다 해도 내일 도착할 레온인 큰 도시를 방문한다고 기대를 가지니 희망이 샘솟는다. 희망이라는 에너지는 잠자고 있던 또 다른 힘을 끄집어내는 것을 말한다. 레온(Leon)으로 들어가는 가장 짧은 구간이라 힘이 더 생긴다. 마침내 알베르게에 도착하니 어느새 숙소가 만원이다. 내가 가져온 포도주를 여러 사람들에게 나누고 내일 레온으로 갈 준비를 마쳤다. 제임스 목사는 며칠 후 미국에서 자기 부인과 아들 그리고 사위가 사리아(Saria)에 도착하여 같이 걷기로 계획이 되어 있어 내일 레온에서 이별을 고해야 한다. 아쉬운 밤이다.

건강한 삶을 원한다면, 건강한 사람처럼 행동하라.

잊혀진 나를 찾아 가는 길

## chapter 5

익숙해지자

일주일이 지나고 이 주일 지날 무렵,
산티아고 순례길에 익숙해진다.
체력과 정신력도 더 잘 적응되고
지금부터는 즐기면서 걷는다.
하지만,
익숙함에 속지는 말아야 한다.

# 왜, 사람들은 무지할수록 용감해질까?

　오늘 만시야(Mansilla)에서 레온(Leon)의 큰 도시까지는 약 21㎞로 심리적 부담이 적은 구간이다. 지금까진 매 구간을 최소 35㎞ 이상을 도전한 셈이다. 만시야는 작은 마을이지만 로마시대의 유적지를 곳곳에서 볼 수 있다. 만시야 마을에 도착하기 전까지만 해도 광활한 들판의 지평선만 바라보고 하염없이 걸었다. 지루했던 구간을 통과하면서 묵상을 많이 했다는 기억과 평야의 추억이 남아있다. 레온시는 이 순례길 중 가장 큰 도시라는 사실로 인해 그 설렘은 부르고스시 와는 좀 다르다. 또 하나 대도시가 편리한 점은 현금인출기가 있기 때문이다. 현금을 한꺼번에 많이 가지고 다니면 분실할 우려도 있어 큰 도시를 지날 때마다 현금을 필요할 만큼 인출하는 것이 안전하다. 아무튼 오늘이 생장에서 출발한 지 바로 16일째다.

　아침 일찍 출발하려고 하는데 새벽부터 비가 내린다. 비가 멈추길 기대했지만 비는 더 많이 쏟아진다. 빗속을 걷기로 작정하고 알베르게를 미련 없이 떠나왔다. 비가 오전 내내 오락가락하다가 11시가 될 무렵에 그쳤다. 판초우의를 벗으니 한결 간편한 느낌이 들어 레온으로 향하는 발걸음이 더 가벼워졌다. 전통 순례 길을 따라 걷고 있다가 우연히 중국인을 만났다. 이 순례길에서 중국인을 만나기란 보기 드문 일이다. 상하이에서 사업을 하는 사람인데 휴가차 이곳에 왔다고 간단히 소개했다. 그는 녹음기를 이용해서 자신이 지나 온 느낌과 장소 등을 녹음하고 있어서 방해하는 것 같아 긴 이야기는 못 나누고 길 위에서 곧장 헤어졌다.

　지금까지 걸어오면서 물리적 거리와 심리적 거리는 다르게 느껴진다. 걷기 전에 거리에 대해 무의식적으로 생기는 심리적 부담으로 발걸음이 무겁게 느껴진다. 동일한 거리라도 마음속으로 기대를 하고 걷게 되면, 그 길은 짧게 느껴진다. 그렇다. 자신의 인생길에서도 어떤 문제든지 좀 더 낙관적으로 받아들이면, 그 기대한 것과 같이 긍정적인 결과가 나타난다. 하지만 그 길 위에서 생긴 사건이나 결과를 항상 다른 사람의 탓으로 돌리게 되면, 자신의 마음은 잠시 편하게 느껴질지 모르지만, 세월이 갈수록 공허함은 커지게 된다.

만시야에서 빗속으로 걷다가 약 3시간이 지나니 레온(Leon)시가 시야에 들어왔다. 여기서 조금 지나면 레온 큰 도시에 다다른다. 큰 도시는 늘 진입부터가 길게 느껴진다. 레온시는 레온 지방의 수도이다. 이 도시의 해발은 800미터가 약간 넘는 지역이다. 대표적인 건축물들은 고딕 양식의 레온 대성당과 로마네스크 형식의 산 이시도르 대성당, 산 마르코스 수녀원 등 다른 종류의 유적지가 풍부하게 곳곳에 즐비하다. 레온은 1세기부터 로마가 점령한 흔적이 아직도 곳곳에 있다고 하지만 그곳을 찾아볼 마음적인 여유가 생기지 않았다. 지나온 부르고스와는 달리, 사람들이 많이 보이는 큰 도시인 것 같다.

프랑스 루트의 출발지인 생장에서부터 16일 동안 3개의 주를 걸어오면서 관찰된 순례자들의 모습에서 학생들의 성적 평가와 유사하게 양분되는 느낌을 받았다. 끝까지 완주하려는 사람들과 중간에 포기하는 순례자들로 나누어졌다. 아마 중도 포기한 순례자의 수가 500㎞까지 지속하는 사람들보다 더 많다는 이야기다. 처음부터 자신

의 체력을 과소평가
한 순례자들은 늘 메
세타 주변에서 발견
되었다. 그들은 인
내와 끈기가 있었으
며, 포기라는 부정
적인 단어를 말하지
않는다. 이에 반하여
자신의 체력을 과신
(overconfidence)
하는 사람들은 메세타에 보이지 않았다. 그들은 대부분 메세타 지방이 힘
든 과정이라는 단순한 소문에 의해 중도 포기하는 결정을 내렸다. 그 사람
들의 특징은 자기 기분에 도취하는 경향이 있었고, 인내와 끈기를 좋아하지
않았다.

체력이 좋은 순례자들은 자신의 체력을 과소평가(underestimate)하는
반면에, 스스로 자신의 체력이 좋다고 판단하는 순례자들은 자신의 능력보
다 더 과대평가(overestimate)하는 경향으로 관찰되었다. 아이러니하게도
자신의 체력을 건강하다고 과장했던 사람들이 오히려 어렵고 힘든 메세타
지방에서 보이지 않았던 것이다.

자신의 체력을 스스로 과대평가한 사람들은 부르고스에서 이미 기차나 버
스로 레온까지 패스한 이들이 많이 있었다. 늘 타인들에게 이야기하는 자신
들의 과장된 자만심은 그들의 목표 달성에 대한 하나의 걸림돌이 된다. 왜, 큰
소리치던 그 사람들이 무능력한 사람으로 바뀔까? 그들은 대부분이 메세타
지방을 걸어오다가 심한 감기, 또는 발목이나 발가락 등의 부상으로 피치 못

잊혀진 나를 찾아 가는 길

해 버스로 레온까지 이동한 사람들도 있지만, 자신의 체력이 아직 걷기에 멀쩡한데도 '난, 해낼 수 있을까?'라는 자기 신뢰(self-reliance)가 떨어진 경우도 있을 것이다.

자기신뢰를 높이려면 준비하는 과정에 충분히 몰입하는 시간을 가져야 한다. 제임스 목사가 이곳을 도전하기 위해 1년 전부터 체력을 만들고, 또 재정계획(budget)을 세워 실천하며 준비한 것처럼, 항상 충분히 숙고 시간을 가져야 오류를 극소화할 수 있다. "준비가 있다면 근심이 생기지 않는다."라는 사자성어인 "유비무환(有備無患)"의 지혜를 잊지 말자.

대학에서 학생들의 성적을 평가해 보면 이러한 현상과 유사하다. 성적이 우수한 학생들은 자신이 받은 점수보다 더 많이 받았다고 감사하는 반면에, 시험 준비에 소홀히 한 학생들은 자신이 받은 점수가 늘 작게 평가받았다고 불평한다. 이러한 현상을 가리켜 심리학자들은 더닝-크루거 효과(Dunning-Kruger efffect)라고 한다. 이 이론은 미국 코넬 대학교 사회심리학 교수인 데이비드 더닝(David Dunning)과 대학원생 저스틴 크루거(Justin Kruger)가 학부 학생들을 대상으로 실험하여 만든 이론이다. 결론적으로 특정 분야에 조금 아는 학생들은 과대평가하는 경향이 있었고, 그 분야에 지식이 많은 학생들은 자신들을 과소평가한다는 것이다.

더닝-크루거 효과란 무지할수록 더 강한 자신감을 가진다는 생각의 편향(cognition bias)에 관한 이론이다. 우리나라 속담 중에 여러 가지를 적용할 수 있는데, 이 더닝-크루커 효과를 설명하기 위해 간단히 인용하면, "무식하면 용감하다." "하룻강아지 범 무서운 줄 모른다." 등 여러 가지가 있다. 또한 찰스 다윈은 "무지는 지식보다 더 확신을 갖게 한다."라고 주장하고 있다. 왜 무식하면 용감해질까?

주로 메타인지력이 낮은 사람들이 '더닝-크루거 효과'가 높게 나타난다고 한다. 메타인지력이 낮은 사람들을 가리켜 흔히 "철이 들지 않았다."라고 주변에서 이야기한다. 철이 들지 않았다는 표현은 그 사람이 아직 세상 물정을 제대로 파악하지 못하고 자기주장만 늘어놓는 사람을 말한다. 자신이 행한 일에 대해 무엇을 잘못했는지 스스로 잘못을 판단하지 못하면서 자신의 주장만 늘어놓는 사람을 말한다.

이 순례길 위에도 더닝-크루거 효과에 관한 현상이 관찰된다. 자신의 체력을 과신하다가 감당 못해 중도에 포기하여 목표를 달성하지 못한 경우가 그렇다. 우리 주변에서도 이러한 현상은 흔히 볼 수 있다. 왜 사람들은 자신이 똑똑하다는 착각에 빠질까? 이러한 현상도 마찬가지로 메타인지력과 관련이 있다. 자신이 누구인지 또 무엇을 공부해야 하는지, 장점과 단점은 무엇인지 잘 파악하는 사고의 능력이 부족해서 생긴다. 우리나라 속담에서 "벼가 익으면 고개를 숙인다."란 말이 있다. 그렇다. 조금 아는 지식으로 우쭐대는 것보다, 늘 자신을 성찰하며 심도 있게 땀 흘리는 길이 더닝-크루거 효과를 예방하는 길이 된다. 무엇을 하든지 한 분야에 몰입하여 축적해 나가는 사람은 자존감(self-esteem)이 높고 또 당당한 내공이 생긴다.

이 순례길을 오래 걷고 있던 사람들과 대화를 나누다 보면 정이 들고 관심이 높아진다. 이 길 위에 걸어가는 사람들의 최종 목표는 산티아고 콤포스텔라다. 땀

을 흘리며 오랫동안 이 길을 걷다보면 암묵적으로 순례자란 정체성이 생기게 된다. 걷다보면 이것은 길 위에서 심리적 동일시에 의해 자연스럽게 만들어진다. 이러한 정체성은 짧은 시간에 형성되지만 마음속으로는 오랫동안 남게 된다. 지금까지 만난 세계의 여러 사람들의 생각과 행동 그리고 표정들은 오래 기억이 될 것이다,

　　레온의 공익 알베르게는 순례자들로 만원이 되었다. 조금만 늦게 도착했어도 다른 곳으로 가야 했다. 짐을 풀고 빨래와 샤워를 마친 후, 시내 구경을 나섰다. 한두 시간 정도 다운타운 이곳저곳으로 돌아다니며 사진 촬영을 하고 시간을 다 보냈다. 나는 저녁에 제임스 목사와 또 다른 독일인 신사를 마지막 만찬에 함께 초대했다. 물론 포도주가 함께 나오는 근사한 저녁 자리였다. 그

동안 제임스 목사께 감사를 전하고 다시 기회가 된다면 함께 걷자고 약속했다. 제임스 목사는 며칠 후 부인과 장남, 사위와 함께 사리아(Saria)에서 출발하여 산티아고 목적지까지 약 100㎞ 걷는 계획이 미리 잡혀있었다. 그 일정을 맞추기 위해 이곳 레온에서 며칠 더 지낸다고 한다. 오늘은 제임스 목사와 헤어지기 아쉬운 밤이다.

어제는
지나간 날이지만
오늘은
내가 만들어 가는 날이다.
또한,
다가오는 내일은
꿈을 품고
희망을 가질 수 있는 날이다.
지구촌에서
다양한 형태의 사람들과
함께 걷고, 이야기하고
정을 나누며 레온까지 왔다.
두 번째 알베르게에서 만난
미국에서 온 제임스 목사와
500㎞를 함께 묵상하며 기도했다.
그동안 감사의 뜻을 이 글에 남긴다.

정직한 땀과 노력은 삶의 기쁨을 잉태하지만,
시기 질투는 자신의 존엄과 영혼을 멍들게 한다.

*잊혀진 나를 찾아 가는 길*

# Simplify Your Life

대부분의 순례자들이 잠이 든 새벽 시간에, 나는 평소보다 일찍 눈을 떴다. 레온(Leon)부터는 나 혼자가 된 기분이라 잠을 잘 이루지 못한 것 같다. 세수를 하려고 세면장에 들어섰는데 약간 열린 창문 틈 사이로 들어온 새벽 공기가 쌀쌀하게 느껴진다. 모든 준비를 끝내고 다음 목적지를 향해 출발하려고 할 때, 제임스 목사가 내 옆으로 와, "Sang Kim, Have a nice trip?" "Keep in touch …." 헤어짐이 아쉬워 짧은 포옹을 한 우리는, 긴 헤어짐이 아쉬워 서로가 눈시울이 붉어졌다. 이때가 바로 새벽 5시 45분, 차가운 새벽 공기를 가슴으로 안으며 제임스 목사와 나는 그렇게 헤어졌다.

그동안 제임스 목사가 나를 위해 진정한 친구가 되어 준 것에 감사를 느낀다. 그는 알베르게 문밖까지 나와서 찬 새벽 공기를 함께 마시며, 골목길을 돌아설 때까지 두 손을 흔들어 주었다. 코너를 돌 때, "Take care, James." 나는 조용히 응답을 해본다. 그는 나보다 8년이나 연배임에도 늘 친구처럼 격식 없이 나를 대해 주었다. 나는 그에게 참다운 인간성을 느꼈다. 물론 서양인의 사고방식에는 한국인처럼 나이에 대한 서열 문화가 없다. 그러나 내게 비친 그의 모습은 참 친구이자 작은 예수였다. 그의 이름, 제임스는 스페인어로 바로 산티아고다.

산티아고 길(카미노)은 영어로 표현하면, "The way of James."가 된다. 즉 '야고보 길'이란 의미다. 성경에 야고보란 이름이 여러 명이 있지만, 산티아고는 사도 요한의 형제 야고보다. 아버지의 거대한 상속을 거부하고 예수님을 열정적으로 따른 12사도 중의 하나다. 그래서 그를 가리켜 "큰 야고보"라고 부른다. 그는 성격이 급하지만 용기가 있는 사도였다. 그리고 질투와 원한을 모르는 성자였다. 헤롯(Herod)이 제일 먼저 그를 잡아 죽였다.

어제는 일찍이 레온에 도착하여 로마인들의 숨결이 남아있는 여러 고적지를 돌아다니며 카메라에 담았다. 이름난 건축가 가우디가 설계했다는 카사데 보티네스(Casa de Botines)는 물론, 화려한 레온 대성당과 산 마르코스 광장을 다니며 사진으로 담았다. 레온은 최초로 로마인에 의해 세워진 2천 년이 넘는 역사와 유래가 숨 쉬고 있는 고풍스러운 도시다. 많은 사적지를 한꺼번에 담으려면 머리가 복잡해진다. 모든 정보들을 머리에 담아두기가 부담스러워 중요한 정보조차도 미리 포기해 버린다. 레온에 대해 더 자세하게 알고 싶은 충동을 억제하고, 다음 기회에 남겨 두기로 한다. 나는 고고학자가 아니라 이 길을 걸어가는 단순한 순례자이기 때문이다.

레온의 공익 알베르게는 다운타운 가장 복잡한 곳에 위치하고 있다. 이곳에서 빠져나오려면 복잡한 골목길을 통과해야 한다. 새벽에 혼자 이 골목길을 벗어나려면, 출발하기 전날 저녁에 이 길을 먼저 알아두는 것이 도움이 된다. 또한 코너마다 벽에 붙은 노란 화살표와 인도 한가운데 조가비 모양의 방향 표시판을 찾아내야 복잡한 시내를 잘 벗어날 수 있다. 골목길을 벗어나 차도에 다다르면, 신호등은 물론 지나다니는 자동차도 잘 살펴야 안전하다. 항상 대도시를 완전히 벗어나려면 길고 지루한 길이라는 사실을 깨닫게 된다.

새벽 시간에 산 마르코스(San Marcos) 광장을 지나 베르네스가(Puente de rio Bernesga) 다리를 건너고, 공업지구를 한참 지나서 도착한 곳이 라 바르핸 델 카미노(La Virgen Del Camino)다. 시내에서 출발한 지 약 두 시간이 지나 문이 열려있는 작은 바에서 간단하게 아침을 해결하고 커피도 한 잔 마셨다. 늘 아침식사는 제임스 목사와 함께했는데 오늘은 나 혼자란 사실로 인해 쓸쓸한 기분이 엄습해 온다. 그가 그리워진다.

순례 길을 걸어오면서 예측할 수 없는 일들이 많이 발생한다. 알베르게의 모습과 가격 그리고 시설은 매우 다양하다. 각 지방마다 지자체에서 제공하는 공익 알베르게도 곳곳마다 다르다. 가격은 사설 알베르가 2~5유로 정도 차이가 나지만, 시설과 편리함은 완전히 다르다. 특히 순례자 입장에서는 늘 예산을 절감하려는 노력을 하게 된다. 하지만 몸 컨디션에 따라 가끔씩 사설 알베르게에서 조용하게 지내는 것도 몸을 회복하기에 유리하다. 우리가 500㎞까지 걸어온 길 중에서 묵상하기에 좋은 길이 있는가 하면, 오늘처럼 대형 트럭들이 전 속력으로 달리는 레온시 변두리 공업지대에서는, 순례자들은 불안감을 느끼기도 한다.

오늘의 목적지는 오스피탈 데 오르비고(Hospital De Orbigo)까지다. 레온에서 약 35㎞ 정도다. 나는 차도 옆길을 따라 혼자서 지루하게 걸었다. 그동안 제임스 목사와 함께 한 즐거웠던 추억들을 회상하면서 그를 만난 것에 무한히 감사를 느낀다. 그는 한평생 목회활동을 하면서 가난하게 살아왔다고 했다. 마지막 만찬 때, 나는 그에게 500㎞를 걸어오면서 느낀 점을 한마디로 표현해 달라고 주문했다. 그는 나의 질문이 끝나자마자, "I will organize my life very simply."라고 대답했다. 자신의 삶을 간단하게 정리할 것이라고 답했다.

제임스 목사는 자신의 나머지 모든 삶을 "단순하게" 만들어 갈 것이라고 한다. 집에 돌아가면 모든 조건을 단순하게 정리하겠다고 결심한다. 옷도 꼭 필요한 것, 가구도 사용하는 것 외에는 모두 정리한다고 한다. 앞으로 모든 것을 "단순하게 살 것"이라고 다짐한다. 모임도 신앙에 도움이 되는 모임 이외에는 모두 정리할 것이라고 한다. "Simplify your life." "당신의 삶을 단순하게"라는 말은 복잡하게 살아가고 있는 현대인들에게 진리다. 그가 나와 독일인 신사에게 자신이 그동안 묵상을 통해 얻은 소중한 삶의 방향을 전해 준 것에 감사를 느낀다.

레온을 떠나오면서 제임스 목사가 강조한 "Simplify your life."에 대해 곰곰이 생각해 보았다. 단순한 삶은 복잡한 현대 사회에서 스트레스를 줄일 수 있는 기회가 된다. 또한 하루를 풍성하게 만들 수 있는 좋은 기회가 된다는 의미일 것이다. 우리의 생활 패턴을 단순화한다면, 많은 시간과 공간, 그리고 에너지를 많이 충전 가능하여, 더 자유롭게 즐길 수 있는 기회가 된다. 우리의 삶을 단순화할 때, 산만하고 불필요한 시간을 제거할 수 있고, 그 과정에서 우선순위에 더 집중할 수 있다. 결론적으로 삶을 "단순화" 하면, 시간 사용의 효율성이 높아지지 않을까?

이런저런 생각을 하며 한참을 걷고 있다가 오르비고(Orbigo)의 긴 다리를 만났다. 이 다리는 스페인에서 가장 오래된 중세 다리 중의 하나라고 한다. 로마시대에서 사용되던 그 다리 위에 13세기경 다시 증축되었다고 기록하고 있다. 이 다리는 그때나 지금이나 중요한 다리임에 틀림없다. 이 순례길에 통과하는 오르비고 다리는 역사적 랜드마크 중 하나다. 다리 위에서 역사적 발자취를 생각하며 걷다가 로마시대의 군대가 말을 타고 뛰어오는 모습이 상상된다. 무척 아름답고 긴 다리다.

오르비고 다리를 건너서 작은 마을에 다다르니 한 카페가 나를 반긴다. 그동안 시장기를 못 느끼다가 오후 4시가 넘어서니 시장기가 느껴진다. 빵 한 조각과 맥주 한 잔을 주문하여 잔을 다 비울 무렵, 미국인 마이클이 들어왔다. 그는 나를 보자 "Hello, Mr. Kim?" 정중하게 나에게 인사를 건넨다. 마이클은 나헤라에서 잠깐 이야기를 나누었던 자로 미 해병대 특수대원 출신이다. 현재는 캘리포니아 L.A에 작은 기업의 대표라는 기억이 났다. 잠시 사업의 충전을 위해 자발적으로 이 순례길에 도전 중이라고 소개했다. 그는 한쪽 다리를 약간 절룩거리며 나를 반갑게 쳐다본다. "What are you doing Michael?" 마이클은 나보다 체력이 좋아 보여, 더 앞질러 갔다고 생각했었다. 하지만 자신의 발바닥에 작은 물집을 소홀히 하여 염증이 크게 번졌다고 설명한다.

미국 해병대 출신 마이클은 일전에 우연히 한 식당에서 돌아가면서 소개하는 자리에서 만났다. 마이클은 자기소개에서 분명한 말투로 "I am an ex-marine."라고 말했다. 그다음은 내 차례였다. "I am also an ex-Korean marine corp too."라고 소개를 마치고 나서 서로가 해병대라는 정체 의식을 느꼈다. 그렇게 만난 친구가 바로 내 앞에 나타났다. 마이클과 나는 그 마을에서 1.8㎞ 아주 작은 마을까지 걸어서 사설 알베르게를 찾았다. 그곳에는 이미 부다페스트에서 온 한 청년과 독일에서 온 3명의 순례자들이 먼저 와 있었다. 3명의 독일인들은 우리가 들어올 때 이미 동네 구경을 나가고 없었다. 오늘 저녁은 집주인이 만든 닭고기 요리다. 남자 주인에게 식대가 얼마냐고 물었는데, 웃으며 가격을 말하지 않는다. 알아서 내라는 눈치다. 여섯 사람이 상의하여 각각 10유로씩 테이블에 놓았다. 방이 4개가 있는데, 한 방에는 이미 독일인들이 차지하고 있었다. 나머지 3개방에는 각각 한 방씩 사용하기로 했다. 조용한 시골 마을이다. 마이클과 군대 이야기를 나누다가 내일을 위해 잠을 청했다.

나는 달려가리라.
단, 한번 지나가는 세상
괴로움이나 슬픔이 찾아와도,
큰 풍랑이 덮쳐와도,
굳건히 버티며 이겨내리라.

*잊혀진 나를 찾아 가는 길*

봄 지나, 여름, 가을, 겨울을 만나
내 삶에
기쁨과 슬픔이 찾아와도
내 삶에 만족하며,
감사하고 또 이겨내리라.

난, 희망을 노래하리라
또, 어떠한 어둠도 물리치리라

마지막까지 달려가리라.
이 세상이 아름답고 즐거웠다고,
난 행복했다고
마음껏 노래하리다.



감사한 마음이 내 마음에 자리 잡으면,
삶의 시련, 고민, 두려움 모두가 예고도 없이 사라진다.

# 왜, 나는 걷고 있는가?

가우디 초기 작품인 주교궁

어제는, 레온을 출발하여 지나가던 중 산 마틴(San Martin) 마을로 들어섰다. 한 작은 바에서 내가 좋아하는 딱딱하고 모양이 없는 통밀 빵 한 조각과 커피 한 잔으로 배를 채웠다. 바에서 종종 '아메리카노'를 잘못 이해하는 직원들이 있는데 한참을 설명해야 알아듣는다. 스페인들은 커피가 주식이다. 스페인들에게 커피라고 하면 곧 에스프레소 커피에 데운 우유를 섞어 만든 것이 '국민 커피'에 속한다. 이것을 '카페 콘 레체(Caffe con Lecje)'라고 한다. 한국 순례자들은 앞으로 아메리카노만을 고집하지 말고 순례 길에는 까칠까칠하고 딱딱한 통밀 빵과 '카페 콘 레체'를 함께 먹고 마시며 즐겁고 건강한 순례 길을 보내길 소망한다.

그 이후 오르비고(Orvigo) 다리에서 멀지 않은 작은 시골 마을에서 하룻밤을 보냈다. 부부가 경영하는 한 사설 알베르게(민박)에서 풍성한 음식과 함께 재미있고 유익한 시간이었다. 어제저녁 식사는 주인이 직접 키운 '꼬끼오'로 요리한 닭이 몸보신된 것 같았고, 와인 맛도 좋아 즐겁게 마셨다. 500㎞를 넘어오면서 처음으로 푸짐하게 먹었던 만찬이다. 게다가 마이클을 우연히 만나 반가웠고, 독일인들과 부다페스트에서 온 젊은 청년을 만나 새로운 분위기의 시간이 된 것 같다.

그때, 한 독일 노인이 진지한 표정으로 나에게 "이곳에 한국인들이 많은데 그 이유가 무엇인가?"라고 질문했다. 그는 출발지인 생장에서부터 지금까지 걸어오면서 한국인들을 많이 만났지만, 진지한 대화를 나눈 적은 없다고 한다. 한국인들이 많이 오는 이유는, 첫째 '산티아고'란 영화와 방송매체의 영향을 받았고, 둘째는 한번 이곳을 다녀간 사람들로 인한 전파력(exportability) 때문이라고 설명했다.

이곳을 다녀간 사람들은 누구나가 시인이 되고, 수필가가 되어 책을 쓴 사람이 많다. 더욱이 자신의 블로그에 그 경험담을 소개하는 일도 흔하다. '한번 순례자는 영원한 순례자가 된다.' 그런가 하면 순례 길에서 쉽게 만날 수 있는 유럽의 노인들은 일 년 중 봄과 가을로 두 번을 참석하는 이들도 있다. 연금으로 생활하는 유럽의 노인들은 이곳에서 여가 생활을 보내는 것에 경제적으로 부담이 적다. 왜냐하면 스페인은 상대적으로 물가가 싼 편이기 때문이다. 게다가 건강까지 챙길 수 있으니 일거양득이다.

순례자들은 지난 밤사이 새로 채워진 충전된 에너지로 하루의 시작을 설레게 만든다. 이러한 에너지를 못 느낀다면, 앞으로 전진할 수 있는 힘이 생기지 않을 것이다. 더하여 새벽 공기를 마시며 새로운 곳으로 향하는 호기심으로 가득 채워진다. 오늘 이 새벽에 닭 울음소리가 나를 깨운다. 이 곳은 농촌 냄새가 나는 고즈넉한 마을이다. 숙박비는 공익 알베르게 보다 3유로가 더 비싼 편이지만 빨래까지 세탁기로 돌려주어 모처럼 육신이 편했다. 처음 느껴보는 체험이다. 역시 시골 인심이 후하다.

　아침 샤워를 한 후, 식당에 들렀는데 마이클이 굳은 표정으로 전화를 하고 있었다. 간단한 아침을 마칠 무렵, 마이클이 내게 다가와 심각한 이야기를 전해준다. 그는 발바닥의 종기에 차도가 있기를 기대했지만 더 악화되었다는 이야기다. 오늘 레온으로 되돌아가 병원에서 치료를 해야 한다고 했다. 마이클이 미국에 있는 자신의 주치의와 상의하여 결정했다고 자신의 입장을 상세하게 전해주었다.

　마이클을 처음 본 것은 피레네산맥 중턱에서 잠시 쉴 때, 먼 발자취로 그를 볼 수 있었다. 그 당시 나에게 비친 그의 모습은 전투에 곧 투입하는 병사의 눈빛 같아 즉각 나를 압도했다. 그 당시 나의 마음속으로 '저 친구 보통 놈 아닌 것 같은데'라고 생각하면서 지나왔던 기억이 있다. 그런데 마이클을 나헤라(Najera)의 한 식당에서 또 잠깐 만났다. 함께 자리한 사람들이 돌아가면서 자기소개하는데 내 옆자리에 앉은 마이클이 도발적인 태도로 자기소개를 했다. "I am an ex-marine." 내 상식으로 순례 길에서 만난 사람이 다른 사람들에게 자신을 소개할 때는 강인함 대신 자신을 겸손하게 소개하는데, 마이클의 행동은 당당한 해병대 대원스러웠다. 그에게는 해병대 특수부대의 정신이 아직도 남아있다. 전역한지 얼마 되지 않아서인지 아직 몸에 해병대 정신이 배어 있는 것 같다.

우리 둘은 알베르게를 나와 레온으로 가는 버스 정류장까지 동행했다. 마침 레온으로 가는 버스가 다가올 무렵, 마이클과 나는 해병대식 거수경례를 나눈 후 이내 헤어져야 했다. 마이클은 일본 오키나와에 파견 나온 경험이 있어 나를 대할 때마다 배려하는 모습이 드러났다. "Professor Kim, I hope you have a great time, sir." 요즘은 미국에서 "Sir", "Maam"같은 칭호를 잘 사용하지 않는다. 마이클의 눈빛과 그 말투에 그의 진지함이 풍겼다. 난, 그의 쾌유를 진심으로 빌었다.

마이클을 버스로 보내고, 나는 다시 신발 끈을 고쳐 매고, 오늘을 위해 걷기 시작했다. 오늘은 아스토르가(Astorga)를 지나 엘 간소(Ell Ganso)까지다. 아스토로가를 향해 힘차게 걷고 있는데 힘든 길은 아니었다. 걸어가는 길은 오솔길과 자작나무 숲도 있다. 조금 지나니 무인 판매대도 나타났다. 이날은 운 좋게도 그 무인 가게 주인이 가게 앞을 지키고 있었다. 그는 "감사합니다. 코레아노."라고 한국말로 건넸다. 그 가게에서 벗어나 언덕길에 대형 십자가가 있다. 그 앞에 서서 보니 아스토르가의 시내가 한눈에 들어왔다. 언덕길을 다시 내려와 순례자의 동상에서 사진을 찍고 시내로 향했다.

아스토르가는 도시가 고풍스러운 아름다운 건물이 많고 시민들도 활기차 보인다. 시장 골목을 지나 조금 더 가면 주교궁과 산타 마리아 대성당이 순례자들의 눈길을 사로잡는다. 주교궁은 가우디의 초기 작품이라고는 하지만 역시 예술적인 느낌을 준다. 이곳에는 초콜릿 가게를 많이 볼 수 있다. 나는 평소에 과체중이라 초콜릿 같은 달콤한 과자나 음식을 피하는 편이다. 카메라에 이곳저곳을 발 빠르게 담은 후 다음 목적지를 향해 걸어 나갔다. 주교궁 앞에서 사진 촬영을 마칠 무렵, 한 이탈리아 신사분을 만났다. 순례 길에서 몇 번 본 인물이다. 그가 끌고 다니는 손수레 가방이 신기하게 보여 기념으로 사진을 찍었다. 그 신사 분은 배낭 대신 가벼운 손수레를 끌고 다닌다. 같은 나라에서 온 친구들이 종종 그런 그를 놀리는 것 같아 보였다. 자신들과 다른 모습을 이해하지 못하는 태도는 우리나라와 유사하다. 그러나 그분은 항상 웃는 얼굴로 사람들을 대한다. 그에게 친근감을 느낀다.

순례길을 글쓰기에 비유하자면, 출발지인 '생장'에서부터 팜플로나를 지나 용서의 언덕을 넘어서기까지가 서론에 해당되는 거리다. 이때는 적응기라 무척 육체가 힘들다. 본론에 해당하는 지점은 용서의 언덕을 넘어 부르고스를 지나 메세타 고원을 건너 레온까지의 긴 구간에 해당한다. 이 시기는 몸과 마음이 모두 힘든 시기라 마음의 근육인 '인내'가 요구된다. 오늘부터 남은 구간은 약 250㎞ 정도가 된다. 지금부터는 순례길의 결론 부분에 해당한다. 이 시기는 정신, 그리고 영혼에 의해 이 거리를 걸어가야 한다. 목표지점을 향해 걸을수록 몸도 잘 적응되고 마음도 평안하게 느껴진다. 내 인생에서 처음으로 느껴보는 이 평안은 어디에서 생겨나는 것일까?

아마 탐욕이 없어서 일 것이다. 이 길을 걸으면서 세속적인 욕심이 작아지고 있다. 욕심이 없어지니 마음의 갈등이 일어나지 않는다. 더군다나 시골길의 푸른 초장을 바라보고 걷는 순례자들은 마음이 한결 편안해진다. 산길을 혼자 걸어도 아무 걱정이나 두려움을 느끼지 못한다. 이 순례 길은 특이하게도 심리학자 마슬로우가 주장하는 '1단계의 욕구와 5단계'에서만 오고 가게 한다. 순례자들에게는 배고프면 우선 먹어야 하는 식욕과 피곤하면 잠을 자야 하는 수면욕이 있다. 이 생리적 욕구가 채워지면 5단계로 바로 수직 상승하여 자기 성찰을 통해 자기의 인격을 더 발전시키고, 잠재력을 극대화해 나가는 자발적 동기가 커지게 된다.

이러한 욕구이론에 관해 부가적인 설명을 보태자면, 심리학자 마슬로우의 5단계 욕구이론(Maslow's hierarchy of needs)은 매우 오래된 이론 중의 하나지만 지금까지 여러 분야에 적용되는 설득력을 지닌 이론이다. 그는 인간의 욕구를 5단계로 설명한다. 그의 이론을 이 순례길에 적용하면 흥미로운 것이 관찰된다. 그 첫 번째 단계가 '생리적 욕구'다. 이 생리적 욕구가 채워지면 그다음은 '안전의 욕구'가 찾아온다. 그다음은 사회적 욕구, 존경의 욕구, 자아실현의 욕구 단계로 이어진다. 인간은 배고픔도 채우고 안전도 보장받고, 사회적 소속감도 느끼게 되면 이어 '인정을 받고 싶은 욕구'가 시작된다. 이 4번째 단계에서 나타나는 욕구는 주로 타자로부터 인정, 명예, 자신감, 성공감, 우월감, 자립심 등이 나타난다. 가장 마지막 단계가 자아실현의 욕구이다. 그래서 이 순례길은 1단계와 5단계 사이에서만 오고 가게 하기 때문에 '타자로부터 인정받고 싶은 욕구'가 생기지 않게 되고 따라서 사람들 사이에 갈등관계가 존재하지 않게 된다.

소크라테스는 "너 자신을 알라(Know yourself)."라는 말을 남겼다. 이것은 철학을 이해하는데 가장 근본적이고 핵심적인 질문이다. 우리들의 자신 속에는 여러 가지 복잡한 문제들이 의식적이거나 무의식적으로 잠재되어 있다. 그래서 자기가 진정으로 누구인지를 알려면 많은 노력과 수행 능력이 요구된다. 우리가 살아가면서 자신의 모든 것을 알아내는 것은 불필요하지만, 늘 자기 성찰을 통해 자기 자신에게 집중할 수 있는 능력인 '자기인식(self-awareness)'을 높이는 노력이 필요하다. 자기 인식을 높이는 방법은 감정 일기 쓰기, 명상, 기도, 멘토링, 상담, 걷기, 순례길 등을 체험해 보는 것도 도움이 된다.

우리는 흔히 '아는 만큼 보인다.' '보이는 만큼 안다.'란 표현을 자주 인용한다. 그렇다. 상대방과 대화를 해보면 사고의 깊이를 금방 알게 된다. 이러

한 말도 있다. '정확하지 않은 지식은 오히려 걱정 거리를 만든다.'란 말도 있듯이 모르면 겸손히 묻는 것이 오히려 도움이 된다. 그래서 우리는 나를 알아야 한다는 것을 강조한다. 손자병법에서 "나를 알고 적을 알면, 백 번을 싸워도 위태롭지 않다."라는 것이다.

나(self)라는 자신은 늘 복잡하다. 걱정 없는 날이 없고 부족함을 느끼지 않는 날은 없다. 그리고 내일을 알수 없어 더더욱 불안하게 느껴진다. 하지만, 내가 누구인지 안다는 것은 매우 중요하다. 나를 알아야 내 삶이 더 풍요로워 진다. 인생은 단 한 번이다. 두 번 다시 동일한 기회는 오지 않는다. 늘 있는 그 자리(now, present)에서 오늘이 마지막이라고 생각하고 최선을 다해야, 진정한 내가 보인다.

어제는 새벽에 레온에서 출발하여 기대 없이 걸어오다가 눈앞에 전개된 오르비고 강(Rio Orbigo)과 다리의 시작 그리고 끝이 한눈에 들어오자 나는 넋 잃고 한동안 바라만 보았다. 참으로 멋진 다리가 아닌가! 그동안 메세타 고원을 통과한 보상이랄까? 잠시 작은 감동이 밀려온다. 흘러가는 오르비고의 강물 위해 메세타의 추억들이 함께 흘러가는 느낌이었다. 이런저런 생각을 하면서 바람 속으로 걷고 있는데, 바로 등 뒤에서 "Mr. Kim"이라고 나를 부른다. 그 친구는 부다페스트에서 온 잘 생긴 젊은 친구다. 이 친구와 함께 무사히 엘 간소(Ell Ganso)까지 도착하여 내일을 준비한다.


나는 나고
너는 너다.
나와 너를
비교하면,
나의 행복은
멀리 도망간다.
하지만,
내가 너를
진실로 인정하면
나도 살고
서로가 행복하다.
이 세상엔
나도 다르고
또,
너도
다르다.

스스로
나와, 너의
가치를 발견하면
세상이 더 밝아진다.

길가에 피어있는 한 포기 풀꽃 같은 존재라는 것을 자각한다면,
인생은 그대로 자유롭다.

잊혀진 나를 찾아 가는 길

# 철의 십자가는, 사랑의 강물이다

해발, 1,500미터 철의 십자가

오늘부터 산티아고까지의 남은 거리가 약 240㎞ 정도다. 순례가 끝나는 목적지까지 최선을 다해야 한다고 생각하니 마음의 각오가 새로워진다. 목표가 분명해지니 내 마음도 가볍다. 제임스 목사와 함께 500㎞인 레온까지 동행한 것은 잊을 수 없는 추억이 된다. 오늘부터는 나를 성찰하는 많은 시간으로 마무리를 잘 해 나가야겠다. 아침에 일어나니 기온이 차게 느껴진다. 준비를 끝내고 출발하려고 하는데, 이미 다른 순례자들이 출발하고 있다. 나는 머리에 랜턴을 켜고 그들을 뒤따라 새벽의 어둠을 헤치고 앞으로 나아갔다

출발지인 엘 간소(El Ganso)에서는 비가 올 것 같은 새벽 날씨다. 한 시간을 좀 지나서 라바날(Rabanal)을 지날 무렵, 처음엔 이슬비 같았던 비가 점점 세게 몰아쳤다. 산언덕을 지나 폰세바돈(Foncebadon)에 도착했을 때 비가 그칠 줄 알았지만 더 많이 내린다. 그 빗줄기를 가로질러 한참을 안갯속으로 걷다 보니 '철의 십자가'가 희미하게 보인다. 비와 안개로 인해 시야가 잘 보이지 않았지만, 거대한 십자가는 먼 거리에서도 식별이 가능하다.

한 걸음씩 비를 맞으며 철의 십자가 앞으로 성큼성큼 다가갔다. 한국에서 가져온 돌이 없어서 내 배낭 속에 여분의 등산화 끈으로 십자가 기둥에 묶었다. 지금까지 살아오면서 느낀 모든 삶의 무게를 완전히 내려놓는다. 마음속으로 감사와 감격이 넘친다. 오직 이 길 위에서 얻은 것은 '사랑과 감사' 뿐이다. 주님의 선물인 아가페(Agape) 사랑에 대해 감사를 벅차게 느낀다. 그 사랑은 세속적 사랑이 아니라 '이해, 양보와 존중 그리고 희생과 봉사'가 넘치는 품격을 말한다.

## 순례길의 철 십자가

그대는
순례길을 환하게 밝히는
감격의 등대다.
지구촌 곳곳에서
가져온
온갖 마음의 응어리들과
고통들을
어루만져 주는
거룩한 자비(慈悲)의 기둥이다.
그대 앞에
더 가까이
가고 싶은
피조물의
간절한 소망의 안식처다.
세속에서
만들어진
세상의 온갖 죄를
씻어내는 사랑의 강물이다.


모든 순례자들은 거대한 철 십자가를 지날 때 자신의 나라에서 가지고 온 돌이나 의미 있는 물건 등을 십자가 밑에 내려놓고 지나간다. 자신들의 마음의 고통, 번뇌, 삶의 무게 등을 이곳에 내려놓으며, 간절한 마음으로 기도하는 곳이 된다. 신앙인이나 그렇지 않은 사람들 모두가 이 철 십자가 앞을 지날 때 숙연한 마음으로 변한다. 이 길을 걸어가는 모든 사람들이 자신의 불완전한 모습을 자성하지 않으면 더 이상 전진 못한다. 이 길은 단순히 등산 길이나 여행을 즐기는 길이 아니기 때문이다.

비가 너무 세차게 내려 철 십자가 옆 작은 성당 처마 밑에서 묵상을 하며 빗줄기가 작아지도록 기도해 본다. 지금까지 잘 지탱해 온 나 자신에게도 칭찬을 한다. 그리고 집사람께도 감사하고, 염려 없이 잘 살아가고 있는 두 아이들에게도 고마운 마음이다. 이곳을 떠나기 전에 다시 간절한 마음으로 기도한다. '대한민국을 축복해 주세요.' 그다음 내가 소속해 있는 대학교와 학생들을 위해 기도한다. 그다음은 교회와 교인들을 위해 기도한 다음, 마지막으로 우리 가족의 건강을 위해 기도했다.

서양 사람들의 기도는 동양인들과 정 반대 순이다. 나를 위해 축복, 그다음은 자신 가족의 기도가 끝나면 자신의 지역사회와 국가 순으로 기도한다. 서양인들의 주소 쓰기도 동일하다. 자신의 이름, 그다음은 성, 자신의 집 번지, 동네 이름 다음에 거주지의 도시를 기록하고 그 마지막이 자신의 주(州)나 국가 순이다. 동양은 정 반대로 주소를 쓴다. 서양인들은 개인의 내재적 가치를 강조하는 것에서 출발하는 반면에 동양인들은 서열의 가치 때문이지 않을까? 이곳에서 벗어나려고 하는데, 비가 멈추지 않는다. 다음 목적지를 향해 빗속으로 산길을 계속 걸어 나간다. 이 철의 십자가가 해발 1,500m나 된다. 순례 길 중에는 해발이 가장 높은 곳이지만, 고도가 높은 지역으로 조금 씩 올라가기 때문에 피레네산맥보다는 덜 힘든 코스다. 계속하여 걷다가 이동 판매대가 나타나 그곳에서 잠시 비를 피할 겸 쉬고 있었는데, 마침내 비가 그쳤다.

판초 우의를 정리하고 난 후, 다시 다다른 곳은 아세보(Acebo)라는 산골 마을이었다. 마을 입구에서 한국 말소리가 들려쳐다본다. 한국에서 온 모녀다. 딸이 교대를 졸업하여 순위 고사를 기다리다가 용기를 내어 이 길을 걷게 되었다는 이야기를 들려준다. 그 모녀의 용기가 대단하다고 여겨진다. 아마 이다음에 훌륭한 선생님이 되리라고 기대해 본다.

역시 산은 높을수록 기후의 변화가 심하다. 인생도 마찬가지인 것 같다. 세상의 탐욕스러운 자들은 더 높이 올라가고 싶어 한다. 높이 올라갈수록 온갖 잡음, 시기와 질투에 시달린다. 오직 높이 올라가려고 하는 자들과 그 사람들을 흔들어 대는 또 다른 탐욕자들 사이에 '자멸의 함성'만 판친다. 역사적으로 보면, 이순신 장군 같은 사람도 편향되고 시야가 좁은 위정자(爲政者)들에 의해 곤욕을 치렀다. 그분은 나라를 부분적으로 본 것이 아니라 늘 전체를 보고 판단하고, 마침내 나라를 지키는 영웅이 되었다.

골프를 치는 사람들도 늘 초보자들은 우연히 만든 '버디'에 오랫동안 자기 자랑만 늘어놓는다. 하지만, 프로 골퍼들은 부분에 집착하지 않는다. 늘 18홀 전체를 생각하며 경기를 펼쳐 나간다. 또한 정치 초보자들도 역시 부분

적인 진영 논리에 갇혀 나라 전체를 못 보는 우를 범한다. 인간관계도 마찬가지다. 타자의 한 찰나만 가지고 그 사람의 전체를 비판하는 사람은 속물(俗物)이라고 부른다. 산행을 하다가 길을 잃으면 높은 곳에서 내려다보아야 길을 찾듯이, 한 발자국 멀리서 이 대한민국의 전체를 보았으면 하는 마음이 간절하다.

아세보 산골까지는 내리막길이 연속적으로 펼쳐져 있다. 해발 1,500m의 철의 십자가에서 내리막의 끝 마을은 해발 500m 정도 된다. 아세보 마을을 지나서도 지루하게 내리막길을 내려가고 있는데, 미국에서 온 80대 부부를 반갑게 만났다. 샌프란시스코에 살고 있는 부부는 2년에 한번 꼴로 이곳에 온다고 했다. 겉모습은 노인이지만, 걷는 보행의 질은 두 분 모두가 매우 건강하게 보인다. 이 노부부는 운동을 생활화한단다. 특히 저항성 운동(resistance exercise)도 젊은 사람 못지않게 주 3회 정도 실천한다고 했다. 저항성 운동은 근육의 노화 속도를 멈추거나 느리게 만드는 효과가 있다.

나이가 들수록 근육에 관심을 가져야 한다. 근육이 무너지면 몸의 균형이

무너져 결국 삶의 질을 빼앗기게 된다. 최근 선진국에서 근감소증(Sacope-nia)란 질병에 관심을 모은다. 이것은 자연적인 노화과정에서 발생되며, 근육이 감소되는 증상을 의미한다. 근감소증은 35세부터 시작되는데 일반적인 사람은 연간 1~2% 정도 감소되지만, 60세가 지나면 연간 3%까지 가속화된다. 나이가 들면 근육 조직의 변화가 신경계의 변화와 함께하여 다리 근육부터 약해져온다. 노화가 다리부터 진행된다는 이야기다. 산 중턱에서 만난 미국의 80대 부부처럼 산티아고 800㎞를 도전하려면 체력은 스스로 만들어야 한다는 사실을 잊지 말자.

　　기원전 4세기경 의학의 아버지라고 불리는 히포크라테스(Hippocrates)는 왜 "걷기는 최고의 명약"이라고 강조했을까? 이 말은 그 당시의 사회보다는 오늘날이 더 적합하다. 걷기 충고는 하루 종일 컴퓨터 앞에 앉아 사무를 보는 사람들이나 소파에 오래 앉아 TV 보기에 길들여있는 현대인들에게 더 필요하다. 자신의 몸이 병상에 누워 있거나 거동이 불편하면 주변인들에게 민폐가 되지만, 몸을 잘 관리하면 삶의 질도 높아진다. 따라서 지금까지 쌓아온 지식이나 재산 또는 정신조차도 건강한 몸 안에 있을 때 가치가 있다.

　　활기찬 걸음걸이는 바로 근육에 있다. 특히 우리 몸의 70%에 해당하는 근육이 하반신에 몰려있어, 이것이 부실하면 건강한 걸음걸이를 기대하기 어렵다. 하지만 많은 사람들은 근육의 중요성을 잊고 산다. 특히 근감소증이라는 새로운 질병에 대해 잘 모르고 살아가는 사람들이 많다. 주변의 할아버지나 할머니들을 보면 보폭이 짧아져 시간 안에 신호등을 건너기가 힘들 정도로 '아장아장' 걷은 노인도 있다. 또한 할머니들이 유모차에 의존하여 생활하는 모습을 주변에서 종종 보게 된다. 이렇게 '보행의 질'을 떨어지게 하는 원인 중 하나가 바로 근감소증 때문이다.

고령자도 걷기와 근육을 단련해 나간다면 활기 있는 삶이 충분히 가능한 일이다. 필자가 스페인 '산티아고 순례길'에서 고령층 노인들을 많이 만나면서 그들이 젊은이들 못지않은 '보행의 질'과 활기찬 걸음걸이에 놀랐다. 필자는 그 궁금증을 가지고 만나는 노인들마다 그들의 비결을 물어보았다. 그들 모두는 운동을 생활화하고 있었고 저항성 운동도 함께 즐긴다고 대답했다. 고령의 나이까지 건강하게 살아가는 비결은 바로 운동과 걷기가 생활화된 사람들이었다. 그렇다. 이것에 준비된 사람만이 건강하게 100세 인생을 살아갈 수 있을

잊혀진 나를 찾아 가는 길

것이다.

   내리막길로만 계속 내려와 도착
한 마을이 몰리나세카(Molinase-
ca)라는 아기자기하고 예쁜 마을이
다. 좁은 길을 지나서 한 사설 알베
르게에서 지내기로 한 후, 방을 배
정받았다. 이 알베르게는 이태리에
서 온 순례자들만 모여 있었다. 주인
이 직접 운영하고 요리한 저녁 메뉴
와 함께 포도주를 한잔하였다. 그때,
이태리에서 온 한 순례자가 나를 닮은 사람이 있다고 하여 그 사람과 즐거운
시간을 보냈다. 내일을 위해 일찍이 잠을 청했다.

"모든 양서를 읽는다는 것은 지난 몇 세기 동안에 걸친
가장 훌륭한 사람들과 대화하는 것과 같다."

- 데카르트 -

# 나의 행복은 누가 만들까?

어제는, 철 십자가(해발 1,505m)에서 내리막길로 이어 작은 오르막을 지나니, 새로운 광경이 시야에 들어 왔다. 그때부터 해발 600m의 위치에 있는 몰리나세카(Molinaseca)까지 급경사 구간을 내려갔다. 이 내리막 구간은 산으로 올라가는 것보다 더 힘든 것 같다. 왜냐하면 이 길은 순례길 중에서 가장 긴 내리막길이기 때문이다. 내 인생에서 이렇게 긴 구간은 처음 경험한다. 가도 가도 내리막길뿐이다. 인생도 마찬가지다. 삶 속에서 힘든 고비라고 느끼는 오르막도 만나고 평탄한 길도 있지만, 또한 내리막길도 경험하게 된다. 어떤 사람은 내리막길이 오히려 축복의 통로가 되는 경우도 있는 반면에, 그 내리막에서 주저앉아 못 일어나는 인생도 있다. 왜 그럴까?

이 길을 한없이 내려오다가 몰리나세카라는 마을이 뚜렷이 내 시야에 들어올 무렵, 창세기에 나오는 '요셉의 이야기'가 문득 생각난다. 요셉은 야곱이 가장 사랑한 라헬의 첫 아들이지만, 자녀 순서로는 열한 번째 아들이다. 요셉의 형제들은 아버지가 요셉을 자기들보다 더 사랑한다는 것을 알고 그를 질투하고 증오하기까지 했다. 어느 날 그 형제들은 요셉을 죽이려다가 지나가는 미디안 상인에게 노예로 팔아버렸다. 그때부터 요셉은 보디발의 성실한 가정 총무가 되었는데, 그것도 잠시, 더 큰 시련이 다가왔다. 마침내 요셉은 억울한 누명으로 다시 감옥 바닥까지 떨어졌다. 하지만 그 바닥에서 새로운 기회가 생기게 된다. 요셉은 바로 그 인생 가장 밑바닥에서 애굽의 바로왕(Pharaoh) 다음 서열인 국무총리로 변신한다. 이처럼 우리의 인생도 역전하는 경우가 많다.

동서고금을 막론하고 큰 인물들은 모두가 크고 작은 시련을 경험해야 했고, 바로 그것이 그들을 더 성숙하게 만들었다. "시련은 있어도 실패는 없

다."라고 말한 고 정주영 회장은 이같이 멋진 어록을 남기기도 했다. 그는 여러 번 닥친 시련을 잘 극복한 훌륭한 인물이다. 그의 삶의 철학은 우리가 본 받아야 할 정신이다. 인생의 시련과 고통은 하나의 축복의 통로가 된다. 어설프게 얻은 권력이나 명예, 재산 등으로 인해 오히려 더 큰 화근이 되는 경우도 있다. 재산이나 권력이나 혹은 명예일지라도 그것이 영원한 것은 하나도 없다.

이 순례길에서 인생을 배운다. 자신의 능력으로 하루 가야 할 만큼 걷고, 쉬면서 또 내일을 준비하면 모든 것이 순탄하다. 우리의 삶도, 자신의 능력과 실력으로만 준비하는 삶이 오히려 더 행복하지 않을까?

이렇듯 경사진 내리막길로 힘들게 걷다 당도(當到)해 보니, 몰리나세카의 아름답고 중세풍이 느껴지는 마을 앞에 멈추어 섰다. 나도 모르게 경치 속으로 빠져든다. 흐르는 시냇물 건너에 아름다운 마을과 성당은 이 산골 같은 마을을 더 빛나게 비추어온다. 마을 입구엔 순례자들이 건너기 편리하게 만들어진 오래된 다리 좌우에 발을 담그고 행복하게 웃고 있다. 게다가 그들은 맥주나 포도주 혹은 음료수 등을 마시며 쉬고 있다. 나보다 먼저 이 마을에 도착해 쉼(rest)을 즐기는 그들의 표정이 마치 천사의 얼굴처럼 행복해 보인다. 무엇이 그들을 이렇게 행복하게 만들까?

사람들이 웃고 즐거워하는 것은 인간의 본성(human nature)이다. 인간은 원래 행복한 존재로 태어난다. 그럼에도 현대인들은 대부분 '마음의 감기'라고 알려진 우울증을 경험하며 살아간다. 물질의 풍요로움이 증가할수록 우울증(depression) 환자는 늘어난다. 하늘 높이 우후죽순처럼 올라가는 빌딩처럼 우울증 환자도 늘어나는 것이다. 우울증은 인간의 수면, 열정, 기쁨, 행복, 의지 등을 앗아가는 치명적인 질병이다. 심각한 수준의 우울증은 삶의 의욕마저 빼앗아간다. 최근 통계청 발표에 의하면, 한국은 하루 약 36명이 스스로 목숨을 끊는다. 특히 청소년 10대와 20대가 점점 늘어나는 추세다. 왜 그들은 자신의 삶을 스스로 포기할까?

복잡하고 변화무쌍한 현대사회에서 살아가려면 '정서적 건강'이 매우 중요하다. 우리나라 젊은이들에게 유행하는 3포, 5포, 7포기라는 유행어는 우리들의 정서 상태를 더 나쁘게 만드는 부정적 용어들이다. 특히 N 세대 젊은이들은 태어나면서 컴퓨터와 스마트폰에 익숙하고 또 1자녀 내지는 2자녀라는 환경 속에 성장하여 서로 부딪히는 환경으로 살아온 기성세대들의 정서와 완연히 다르다. 정서적 건강은 곧바로 정신적 건강으로 가는 마음의 근육과도 같다.

정서적 건강은 일상에서 생기는 각종 스트레스를 잘 조절하며, 감정을 적절하고 편안하게 표현할 수 있는 능력을 말한다. 그리고 이것은 외부

의 환경과 조건을 인지하고 받아들이는 능력이며, 실패와 좌절에 무너지지 않는 힘을 의미한다. 또한 이것은 개인의 삶에 대하여 열정적이며 긍정적 측면을 포함하고 있다. 따라서 정서적 건강은 삶의 동기와 열정을 만들어 주는 원동력이다. 그에 반하여 우울한 정서는 동기나 열정을 빼앗아간다.

정서적 건강을 향상하려면 항상 마음의 평상심을 유지하는 것이 중요하다. 마음의 평상심을 유지해 나가려면 늘 긍정적인 마음가짐이 필요하다. 이러한 마음가짐은 의도적인 사고습관 훈련으로 충분히 가능한 일이다. 예를 들면, 아침에 거울을 볼 때마다 밝은 미소를 지어 본다. 누구든지 이러한 변신은 가능하다. 뇌는 무엇을 자극하느냐에 따라 반응한다. 인간은 타인과 잘 상합(相合)하여 삶을 더 윤택하게 살아나가야 하는 책무성을 가져야 한다. 그리고 늘 타자와 친숙한 관계를 유지해 나가는 것이 바로 정서적으로 건강한 인간의 모습이다.

오늘 아침은 사뭇 느긋한 마음으로 출발한다. 나와 얼굴이 비슷하게 생겼다고 한 이태리 중년과 작별 인사를 하고 혼자서 큰 도로 옆 인도로 걸어 나갔다. 이 마을 입구의 한 야외 카페를 바라보니 얼굴 찡그리는 사람이 보이지 않는다. 모두들 행복하고 만족한 얼굴들이다. 그들로부터 비추어진 행복의 미소를 생각하며 나도 덩달아 행복해진다. 행복 바이러스가 이 작은 마을에 퍼져나가는 느낌이다. 이 행복 바이러스를 한국인 모두에게 퍼트릴 순 없을까?

우리 뇌에는 40여 종 이상의 신경전달물질(neurotransmitters)이 존재한다. 이것은 한 신경세포(neoron)에서 다음 표적 세포로 전달하는 기능을 가진다. 이는 신체의 기능을 정상적으로 가동할 수 있도록 하는 화학적 메신저다. 그 주요 신경전달물질은 세로토닌(serotonin), 도파민(dopamin), 글루타메이트(glutamate) 및 라세티콜린(acetylchoine) 등이다. 이 중에 행복 호르몬이라고 알려진 세로토닌은 순례자들에게 반드시 필요한 기분, 수면, 소화 등의 주요 기능을 활성케하는 것을 돕는다고 알려졌다. 이것은 본능적으로 만족감, 행복과 낙관주의를 촉진하는 호르몬이다.

세로토닌을 활성화하면 그 사회는 사랑이 넘치는 사회가 가능하다. 세로토닌은 운동을 할 때, 타인을 위해 봉사할 때, 햇빛에 충분히 노출될 때, 숙면이 이루어질 때, 우리 몸속에서 자연히 만들어지는 신비한 '본능 물질'이다. 이러한 본능이 충족되면 나타나는 호르몬이 '행복 호르몬'이다. 이것을 억제

시키느냐 혹은 더 활성화시키느냐는 선택하는 사람의 몫이 된다. 가능한 현대인들은 많이 걸어야 한다. 걷다 보면 햇볕에 노출되어 비타민 D의 활성화로 잠이 잘 오게 된다. 걷다 보면, 이웃을 만나고 평안도 얻게 된다.

몰리나세카에서 얼마 더 걸어가면 폰페라다(Ponferrada) 시내에 접어든다. 이때가 아침이 되어 근처 바에서 식사를 해결하고 난 후, 아름다운 성을 만난다. 12세기에 지어진 이 성은 중세풍의 고풍스러운 자태가 지나가는 모든 순례자들의 발걸음을 멈추게 한다. 폰페라다(Ponferrada)는 스페인 카스티야이레온 지방 레온 주에 위치한 인구 7만 정도되는 중소 도시. 로마 제국 시대는 금광업이 성업을 이루었지만, 근대에 와서는 석탄 산업의 중심지가 되었고 1980년대에 와서 폐광이 되었다. 현재는 포도주나 과일 같은 농업이 주를 이룬다. 이곳은 유네스코(UNESCO) 세계유산으로 지정된 로마 제국 시대의 유적지인 라스메둘라스(Las Médulas) 금광 유적지가 있다. 폰페라다성은 12세기의 만들어진 성이지만 고스란히 잘 보존되어 순례자들에게 감동을 준다. 이곳을 그냥 스쳐 지나가는 순례자는 없다.

성 주변으로 이곳저곳을 걸어 보기로 했다. 이 폰테라나성은 12세기 건축물이지만 매우 웅장하고 화려하게 조성되었다. 성 내부를 구경하면 약 1시간이 넘게 걸리지만 아기자기한 내부의 모습에 반하게 된다. 다음 목적지인 카카벨로스(Cacabelos)에서 에너지를 재충전하기 위해 아직도 비에 젖어있는 배낭과 옷가지를 모두 말려야 한다.다음은 갈리시아 지방으로 갈 준비를 위해 카카벨로스에 멈추었다. 내일은 갈리시아를 지나는 마지막 큰 산을 넘어가야 한다. 이곳 알베르게는 매우 조용한 시골 마을이다. 내일 계획이 긴장이 되어 일찍 잠자리에 들었다.

*잊혀진 나를 찾아 가는 길*

## 참 행복이란?

행복은
어떻게 만들어 질까?

절망 속에서
시련을 느낄지라도
긍정적인
꿈을 꾼다면,
누구나
행복을 느낄 수 있다.

단지,
땀흘림이 없이
쉽게 얻어진
성취를
받아들이는
그 순간부터
행복은 도망친다.

고통과
시련 속에서도,
좌절과
절망을 느낄지라도
단단한 희망을
마음에 품고 있다면,
그 인간은
행복한 사람이다.

하지만
온당하게
취하지 않거나
노력이나 땀이
베어있지 않는,
재물이나 트로피
....
그 자리는
불행의 씨앗이 된다.

잊혀진 나를 찾아 가는 길

"눈물과 더불어 빵을 먹어보지 않은 자는 인생의 참다운 맛을 모른다."

- 괴테 -

익숙해지자

## chapter 6

순
레
자
처
럼

행
동
하
자

걷다가 힘들면
마치 순례를 완주한 자처럼 행동해 보자.
산을 오를 때 힘들면
마치 산티아고 목적지에 도착한 순례자처럼
행동하고 상상하면 순례자의 발걸음이 더 가벼워진다.

# 신뢰는 어떻게 만들어질까?

갈리시아 경계 표지석

어제, 하룻밤을 지낸 카카벨로스(Cacabelos)는 인구 약 5천명이 살고 있는 작은 타운이다. 마을 사이로 흐르는 작은 강 주변은 나무들과 목초지가 잘 어우러져 목가적인 분위기를 느끼기에 충분하다. 만나는 주민들은 순례자들에게 반갑게 '올라' 혹은 '부엔 카미노'라고 마음에 담긴 인사를 건네며 반겨준다. 그들의 환한 미소에 친근감을 느낀다. 역사적으로 이곳은 중세 때부터 순례자들을 돌보는 주요 기착지였다고 한다

이곳 알베르게는 성당에서 운영한다. 숙박비는 받지 않고 스스로 알아서 자

신의 형편대로 도네이션 박스에 넣으면 된다. 한국인들은 기부 문화가 익숙하지 않아서 '얼마나 넣어야 할까?'에 대한 결정을 못해서, 내게 종종 물어본다. 그 기준은 공익 알베르게에서 지불한 숙박비 수준으로 정하면 편하다. 이 순례길을 지나오다 보면 성당에서 운영하는 알베르게들은 숙박비를 받지 않는 곳이 많은 편이다. 그러나 누군가 지켜보지는 않겠지만, 자신의 양심에 따라 감사한 마음을 담아 도네이션 상자에 넣고 가면 마음이 편하게 느껴진다.

이 알베르게에는 식당이 없어 다리 건너편 타운 중심가에서 저녁식사를 했다. 나는 그 식당에서 한국인 청년을 만났다. 그는 대학 휴학을 하면서 아르바이트로 번 돈을 가지고 유럽 여행을 마친 후 이 길을 오게 되었다고 한다. 이 길 위에서 유난히 한국 젊은 친구들을 많이 만난다. 좀 더 젊은 나이에 자신을 스스로 돌아볼 수 있는 기회를 갖는 것이 그들의 장래에 도움이 되리라고 본다. 한국 젊은이들이 타국에서도 당당하고 활기찬 모습에 감사를 느낀다. 무엇보다 타 문화에 대한 이해와 매너(manner)를 잘 지켜 나갔으면 한다. 특히 타인들을 방해할 만큼의 행동이나 불쾌감을 느끼게 하는 사적(privacy)인 질문은 삼가는 것이 좋다.

이곳에서 충분히 휴식을 한 후, 새벽에 랜턴을 켜고 일찍 출발했다. 큰 차도를 따라 언덕길을 넘어서니 포도농장 사잇길이 펼쳐진다. 한참을 묵상하고 걸으면 비아프랑카 델 비에르소(Villafranca del Bierzo)를 만난다. 이곳도 다른 곳처럼 아기자기한 까만색지붕의 건물들이, 예술적인 감각을 자랑하는 것처럼 보인다. 또한 푸른 목초지와 건물이 조화롭다. 이곳도 역시 중세풍의 분

위기가 마을의 건축 모양을 통해 잘 느껴지는 아름다운 곳이다. 이 길을 걸을수록 더 아름다운 광경과 목가적인 풍경이 순례자들의 마음을 사로잡는다.

비야프랑카(Villafranca)에서는 갈리시아로 접어들기 위해 마음의 각오를 다시 해야한다. 왜냐하면 카스티야 레온주(Castilla León)에서 갈리시아(Galicia) 지방으로 넘어가는 산이 높기 때문이다. 해발 1,300m의 산을 넘어야 하기에 숙고의 전략이 요구된다. 두 갈래가 나타난 거리에서 상대적으로 짧은 오른쪽 방향으로 길을 선택했다. 오르막길을 통과해 발카르세(Valcarce)의 아름다운 계곡을 만난다.

도로를 한참 가다가 산길 방향의 화살표가 나타날 무렵, 손수레 가방을 끌고 다니는 이태리 신사분을 또 만났다. 멀리서 혼자 차도를 따라 오르고 있는 그에게 큰 소리로 "부엔 카미노"라고 외쳤다. 그가 뒤를 바라보고 싱긋 웃으며 '부엔 카미노'라고 답한다. 산길로 표시된 노란 화살표 방향으로 산을 오르고 있을 때, 작은 빗방울이 점점 거칠어진다. 판초 우의를 입고 산을 오르는 것은 평지보다 더 힘이 든다. 비가 와서 군데군데 진흙탕임으로 잘 살피며 올라가야 한다. 잠시 쉴 만한 곳도 없으므로 산 중턱에서 멈출 수도 없다. 빗속으로 올라가니 작은 마을이 반갑게 나를 맞이한다. 잠시 비를 피할 수 있는 곳이 있다는 점에서 안도감이 든다. 그곳의 조그마한 편의점에서 간식과 맥주 한 잔을 마시고 있었는데, 며칠 전 한 알베르게에서 같이 지낸 헝가리의 미남 청년이 들어온다. 모처럼 만나니 새삼 반가웠다.

그 친구와 짝이 되어 다시 오세브 레이로(Ocebreiro) 마을로 향한다. 한참을 올라가 만난 곳은 갈리시아 지방을 알리는 '경계 표지석'이다. 갈리시아를 표시하는 문양(pattern) 이 돌 속에 그대로 묻어있다. 마지막 어려운 고비를 넘겼다는 작은 감동 이 밀려온다. 그사이 빗줄기는 어느 정도 그쳤으나 안개가 심해 앞 시야 가 잘 보이지 않는다. 산 능선 자락을 지날 무렵, 갈리시아의 새로운 산 바 람이 세차게 우리를 환영한다. 조금 더 나아가니 안개로 덮인 광장이 나오고 마을 사거리를 지나 숙소에 도착했다. 오늘은 길고 힘든 하루를 보낸 것 같다. 드디어 대형 알베르게에 도착하여 세탁을 하고, 샤워를 한 후 헝가리 청년과 식당으로 갔다.

오늘 머무는 마을은 갈리시아주 경계 선인 산꼭대기에 있는 작은 마을인 오세 브레이로(O'Cebreiro)다. 갈리시아 지 방의 초입인 이곳 오세브레이로 성당의 기적으로, 순례자들이나 가톨릭 교인들 사이에 널리 알려져 있다. 옛날 한 순례 자가 날이 궂은 어느 날 이 마을을 지나 다 미사에 참석하였다. 신부가 성찬식을 하면서 '빵과 포도주는 그리스도의 몸과 피라'는 의식 행사를 할 때, 그 순례자는

성체의 신비가 그대로 일어나게 해달라고 간절한 마음으로 기도를 했는데, 성체는 고기 한 조각으로 변했고, 성배의 포도주는 피로 변했던 기적이 바로 이 성당에서 일어났다고 전해 내려온다. 그 기적에 나타난 성배는 이 성당에 지금까지 보관되어 있다고 전해진다.

마을 식당에서는 한 테이블에 10명 정도 앉을 수 있었다. 덴마크에서 온 신사 한 분이 갑자기 자리에서 일어나, 돌아가면서 자기소개를 제안한다. 자신의 이름을 소개한 그는 덴마크 전직 검사장 출신으로 4개월 전에 은퇴를 한 후 지금 순례하고 있다고 짧게 소개했다. 8명 모두가 자기소개를 마친 후, 포도주를 한잔하면서 사적인 질문을 해 보았다. "당신은 검사장을 은퇴하면 자동적으로 변호사가 되지 않느냐?"라고 물었다. 내 질문에, 그는 테이블에 손가락으로 두 번 두드리며 전체를 주목하게 한 다음, "방금 한국에서 온 친구가 매우 좋은 질문을 했습니다." "우리나라는 전직 판사나 검사가 정년퇴임을 하게 되면, 변호사 개업이 불가능합니다."라고 대답했다. 전관예우가 있는 우리나라를 볼 때 신선하고 또 부럽다는 느낌을 받는다.

나는 또 그의 수입에 대해 질문을 이어 갔다. 그는 바로 "난, 연금을 받고 있습니다." 만족하는지 물어보았다. 그는 웃으며, "나는 덴마크 시민으로서 매우 행복합니다." 그가 말하는 표정을 살펴보니, 전직 검사장 얼굴보다는 시골 교장선생님 같은 표정이지만, 당당함이 그 속에 녹아져 있는 것 같다. 그래서 덴마크란 나라는 어떤 나라인가 지금까지 내가 알고 있는 모든 것을 끄집어 내어 해

잊혀진 나를 찾아 가는 길

석해 본다.

덴마크가 국제사회에서 복지국가로서 주목을 받고 있는 것은 정부의 지도자와 국민들 사이에 두터운 신뢰(trust) 때문이다. 특히 이 나라는 부패가 없는 사회다. 국가 공무원. 입법부, 사법부 모두가 자신의 사적 이익을 위해 권한을 사용하는 사건이나 사고가

없는 청렴한 국가다. 이 나라는 더불어 함께하는 수평적 사고방식의 정신문화가 바탕을 이루고 있다. 그 사상의 중심에는 니콜라이 그룬트비(Nikolaj Grundtvig)라는 인물이 존재한다. 그는 19세기 덴마크의 목사이자 교육가, 역사가, 정치가로서 덴마크를 근대화하는데 가장 큰 영향을 미친 인물이다. 그는 전쟁에서 패망한 덴마크에 희망의 씨앗을 뿌린 사람이고, 또 한 사람인 엔리코 달가스(Enrico Dalgas)는 척박한 땅에 나무를 심고 가꾸어 전 국토를 옥토로 바꾼 인물이다. 이러한 두 인물이 사랑하는 자신의 조국을 위해 헌신하고 봉사한 그 결실이 오늘날의 덴마크라고 본다.

그 전직 검사장의 모습에서 그룬트비의 철학이 배여있지 않을까? 숙소로 돌아오면서 오늘날 우리의 현실을 생각해 본다. 그렇다. 어느 국가를 막론하고 지도자와 국민 사이에 신뢰 지수가 높아야 그 사회나 국가는 건강하다고 본다. 신뢰는 그 사회체제나 조직을 이끌어나

가는데 중요한 윤활제가 된다. 인간관계도 마찬가지다. 사람과 사람 사이에 불신은 관계가 끊어지게 된다. 신뢰의 가장 본질적 힘은 정직에서 나온다. 신뢰에 관한 명언 중에 필자의 머릿속에 자리 잡고 있는 것은 "신뢰를 구축하는 데 수년이 걸리고, 깨지는 데는 순간이며, 회복하려면 영원히 걸린다."라고 다르 맨(Dhar Mann)은 말했다. 영어로는 "Trust takes years to build, seconds to break and forever to repair." 매우 의미 있는 명언이다. 신뢰를 만들어 가는 노력과 시간이 필요하지만, 신뢰가 한번 파괴되면, 다시 회복하기란 어렵다는 것을 강조한다. 그렇다. 신뢰는 인간관계나 조직 혹은 국가에서 가장 소중한 자산임이 틀림없다. 따라서 신뢰를 지키기 위해 늘 서로가 노력해야 한다. 또한 그 신뢰가 손상되지 않도록 신중하게 행동해야 한다.

오세브레이로는 높은 산마루에 위치하고 있다. 동서남북으로 보이는 크고 작은 산들이 에워싸고 있다. 바람과 비가 많은 곳이다. 맑은 날에는 멀리 산을 에워싸고 있는 운해(cloud sea)가 장관이다. 사람도 다니기 힘들게 느껴지는 이곳에 믿음의 길이 생겨나고 성당과 함께 마을도 곳곳마다 있으니 신기하게만 느껴진다. 내일 목적지를 위해 잠을 청하니, 오늘은 잠이 잘 오지 않는다.


### 우리의 꿈

갈등이나 대립보다는,
공존(共存)이 더 아름답고,
이념적 편향보다는,
서로 화합(和合)이
넘치는 그 사회가

건강하다.
교만보다는
겸손이 낫고
고소와 고발보다는
관용이 더 아름답다.

불의보다는
공의가 더 살아있는
그곳에 존재하고 싶다.
과거에 매이기보다는
미래에 더 초점을 맞춘
희망이 춤추는
그 국가에 시민이고 싶다.

야망의 노예보다는
섬김의 종이 되고 싶다.
순간의 만족 보다
사랑을 노래하는
그 꿈속에 살아가고 싶다.

정직함이란 자신의 양심과 인격을 담은 덕목의 그릇이다.

# 성취감은 인생의 활력소다

오늘부터는 순례자의 마지막 단계를 정리하는 구간이다. 나는 왜 이 길을 왔는지, 왜 걸었는지, 과연 나를 발견했는지, 걷는 것은 무엇을 의미하는지 등에 대해 마음속으로 잘 정리해 나가야 한다. 무슨 일이든지 시작이 있으면 끝이 있다. 며칠이 지나면, 나도 이 순례길을 마치는 날이 온다. 졸업은 서양에서 시작이라는 말을 쓴다. 졸업식을 영어로 "Commencement Exercise"라고 부른다. "commence"란 의미는 시작하다의 동사다. 학업을 마친다는 졸업의 의미보다는 학위를 가지고 새로운 시작이라는 개념이다. 순례길을 마치는 것 또한 나의 삶의 다른 시작이 된다. 끝내 산티아고 최종 목적지에 도달하면, 그다음의 나는 어떤 다른 모습으로 시작해야 할까?

분명한 것은 오세브레이로(O'cebreiro)를 무사히 건너오니 자신감이 생긴 것 같다. 지금까지 어려운 모든 구간을 통과한 정신적 보상과도 같다. 첫날 피레네산맥을 건너고, 용서의 언덕을 지나 힘들고 지루했던 메세타 고원을 지나니, 높은 철의 십자가를 만나, 더 큰 기쁨을 안고 마지막 고비였던 오세브레이로를 통과했다. 여기서부터는 순례자들이 도전받을만한 어려운 산이나 언덕길은 없다. 말로 다 형용할 수 없는 내면의 기쁨과 성취감이 몰려온다.

이러한 성취감이 쌓이면 쌓일수록 내공(內功)이 생기게 된다. 게다가 자존감(self-esteem)과 자기 효능감(self-efficacy)이 더불어 높아진다. 자존감은 자기 자신의 가치나 능력에 대한 자신감이다. 심리학자 반두라(Albert Bandura) 박사가 제시한 자기효능감(self-efficacy)이란 자신이 하고자 하는 성과 달성에 필요한 행동을 수행할 수 있는 자신의 능력에 대한 믿음을 말한다. 예를 들면 800㎞ 산티아고 순례길에서 만나게 되는 수많은 난관과 어려움을 극복할 수 있다는 자기 자신에 대한 믿음과 신뢰다.

특히 자기 효능감은 정신적, 신체적 건강은 물론 학업성취, 경력, 직업 만족도, 가족관계에도 긍정적인 영향을 미친다고 한다. 자존감이나 자기 효능감이 높은 사람들은 메타인지력(metacognition)이 높다. 이 이론을 간단하게 설명하자면, 산티아고 순례길 800㎞를 준비할 때 "하고 싶다."에서 "난, 할 수 있어."라는 강한 믿음의 상태는 자기효능감이 높은 상태를 말한다. 이 길을 시작하기 전에 '할 수 있어.'라고 외친 그 사람은 모든 순례길 과정에서 역경과 고난을 극복하는 훌륭한 순례자가 된다. 우리 인생도 마찬가지다.

사람들은 스페인을 '태양과 정열의 나라'라고 부른다. 갈리시아 시작점에 위치한 오세브레이로는 햇빛보다 비나 안개가 많은 곳이다. 어제, 산에 오를 때 비를 맞으며 올랐는데, 갈리시아 경계 표지석 부근에서 비가 멈추었다. 오늘 또 새벽부터 안개와 보슬비가 내린다. 세면실로 들어가니 산 공기가 차갑게 느껴진다. 날씨가 맑은 날이라면 천천히 마을 구경을 한 후 내려가려고 마음먹었다. 그런데 예상치 않았던 보슬비가 내려 생각을 다시 바꾸었다. 지난밤 순례자들과 재미있게 보낸 추억을 뒤로하고 사리아(Sarria)로 향했다.

출발지에서 조금 지나 산 로케(San Roque) 고개를 만난다. 이곳에 '바람을 뚫고 가는 순례자'의 기념 동상이 있다. 이 작품은 갈리시아 출신 조각가의 작품이다. 이곳에서부터 보슬비가 가랑비로 변했다. 앞만 보고 작은 언덕길로 빠르게 걸어 나간다. 포이오(Poio)를 지나면 가장 낮은 마을까지 내리막길로 조심해서 내려가야 한다. 내려가다가 작은 마을을 만나 잠시 비를 피하고 에너지를 재충전한 후 다시 내려가기를 재촉했다.

비는 내리고 그치기를 반복하더니 비두에도 (Biduedo)에 도착하자 멈추었다. 구름 사이로

햇볕이 살그머니 쏟아져 내려 온 골짜기 들판을 비춘다. 이 햇빛의 조명을 받은 운무(cloud & mist)가 순례자들을 환영이라도 하는 것 같아 사뭇 설렌다. 이를 바라보는 내 마음도 운무와 하나가 되어 덩실 덩실 춤을 춘다. 이어 경사길 아래로 작은 마을들이 시야에 들어온다. 목적지가 더 빨라지는 것 같다. 더불어 숨어있었던 춤이 '덩실 덩실' 절로 나온다. 같이 가던 헝가리 청년이 나를 바라보며 싱긋 웃는다.

찬란한 햇빛을 맞으며 경사진 곳으로 한참을 내려 가니 트리이카스텔라(Triacastela)란 마을에 다다른다. 많은 순례자가 이곳에 머문다. 이 마을에서 조금 벗어나면 사리아로 향하는 두 갈래의 다른 길을 만난다. 나와 헝가리에서 온 청년은 왼쪽 길을 선택했다. 이 길은 아름다운 숲속 길로 연결된 사모스(Samos)를 거쳐 사리아로 향하는 길이 된다. 오른쪽 길은 산 실(San Xil)을 거쳐 사리아까지 향하는 지름길 같은 길이다. 약 5km가 더 짧다.

정오의 햇살을 받으며 사모스로 향하는 산길은 완전한 숲속 길이다. 바람 사이로 들려오는 계곡 물소리, 그 물소리를 따라 길이 연결되어 있어 발걸음이 한결 가벼워진다. 이름 모를 산새 소리와 시원한 바람이 하나가 되어 평화로움을 연출한다. 나무들 사이에서 스며오는 피톤치드(phytoncide)의 향기와 흐르는 골짜기 계곡에서 생성되는 음이온(nagative ions)은 세포 대사를 활성화하고, 피를 정화하여 면역기능을 촉진한다. 그리고 자율신경계의 균형을 이루어 깊은 수면으로 이끈다. 두 발로 여기까지 온 것에 감사함이 넘친다. 게다가 어제 마지막 힘든 고비였던 오세브레이로를 넘어온 성취감은 돈으로 살 수 없는 소중한 경험이 된다.

산길을 따라 오르고 내리기를 반복하면서 '자연의 오케스트라 연주'에 빨려 들어간다. 자연과 내가 하나 되는 느낌이다. 이 길에서 들려오는 바람 소리, 새소리, 물 흐르는 소리 등은 도시 생활에서는 경험할 수 없다. 도시 생활은 부자연이 만들어 낸 스트레스로 인해 각종 질병에 시달린다. 적절한 스트레스는 건강에 도움이 되지만, 지속적인 스트레스는 교감신경과 부교감신경의 불균형으로 인해 질병에 노출되기도 한다. 아름다운 숲길을 한참 걷다가 렌체(Renche) 언덕에서 바라보니 사모스 마을이 시야에 들어왔다. 아담하고 정감이 있어 보이는 작은 마을 광경이다.

드디어 사모스에 도착했다. 오늘 지낼 알베르게는 베네딕트 수도회의 수도원에서 운영하는 곳이라 숙박비가 무료다. 하지만 도네이션 상자가 입구에 놓여 있는 것을 보아 일정한 금액을 자유롭게 내야한다. 헝가리 청년이 이곳으로 가자고 한 이유를 숙소에 도착한 후에 깨닫게 되었다. 시설 등이 낙후된 곳이지만 무척 조용한 곳이다. 이곳을 지나가는 순례자들도 별로 안 보였다. 이곳을 안내하는 분은 매우 친절하고 신실하게 보인다. 마을 입구에 있는 카페에서 저녁을 먹고 내일을 위해 잠을 청했다.

*잊혀진 나를 찾아 가는 길*

## 마음먹기

때로는
평탄한 길 보다
숨이 찬
가파른 언덕길을 만난다.

고난 때문에
삶의 본질을
깨닫는 사람도 있고,
고난으로
중도 포기하여
무너지는 인생도 있다.

단점 때문에
겸손을
실천하는 사람도 있고,
단점에서
헤어 나오지
못하는 사람도 있다.

가난 때문에
오히려
성공한 사람도 있고,
가난을
늘 다른 탓으로
불평하는 사람도 존재한다.

이 길을 통해
자존감과 자기효능감이
높아진 사람이 있다
그러나
중도 포기하여
다시는 이 길을
걷지 않겠다는 사람도 있다.

결국,
어떤
상황이든지
마음먹기에 따라
인생이 극적으로 변한다.

"인간은 자연에서 멀어질수록 질병과 가까워진다."

- 괴테 -

# 당신은 행복하십니까?

어제 경험한 트리아카스텔라(Triacastela)에서 사모스로(Samos)로 이어지는 길은 마치 천국의 길 같은 느낌을 준다. 그 산 숲속 길로 오르고 내리기를 반복하다 보니 마침내 사모스에 도착했다. 숲길을 걸어오면서 산림욕과 음이온의 향기 때문인지 모르지만 깊은 잠을 이루었다. 몸 컨디션도 지금까지 느껴보지 못했던 가장 좋은 상태로 기상했다. 사모스 수도원의 가장 볼거리는 수도원 벽면의 그림들이다. 구약과 신약을 작가들의 상상력으로 그려낸 벽화는 성경 전체를 이해하는 데 도움이 된다. 수도원이라는 느낌보다는 그림 전시회 같은 분위기다.

오늘의 일정은 사모스에서 사리아(Sarria)까지다. 사리아를 지나서 더 전신하고 싶지만, 전에 독일인 의사가 뿔뽀라고 말하는 문어를 화이트 와인과 반드시 즐겨 보라고 권했기 때문에 사리아에서 1박 하기로 정했다. 사리아는 사람들이 강물처럼 많이 모이는 곳이다. 왜냐하면 사리아는 이 순례길의 목적지인 산티아고까지의 거리가 100㎞라 단기간 휴가 온 지구촌 사람들에게는 적당하기 때문이다. 그리고 이 과정에서도 역시 '순례 증명서'를 발급받게 된다. 나와 레온에서 헤어진 미국 제임스 목사도 그의 가족과 일주일을 합류하여 이 코스를 걷는다고 했다.

　사모스에서 사리아 근처까지는 숲으로 이어지는 환상적인 코스다. 도네이션 상자 속에 기부금을 넣고 감사한 마음으로 수도원 알베르게를 나와 도로를 따라 걷는다. 마을을 벗어나 아름다운 산속 길로 이어진다. 고요한 바람 소리와 새소리와 물소리, 어우러진 흙냄새와 풀 내음이 물씬 풍기는 이 산길은 내 마음속에 평화의 향기를 노래하게 한다. 이러한 길을 계속 걷다 보면, 자연의 충고가 여기저기서 속삭인다. 원시적인 숲길은 우리에게 인간으로 돌아오라고 외친다.

"급하게 서둘지 말고, 인생을 즐겨라."
"채우려고만 하지 말고, 더 비우라고 속삭인다."
"더 움켜잡지 말고, 더 베풀라고 충고한다."
"시멘트 정글보다 자연으로 돌아가라."
"시기 질투보다는 사랑을 노래하라."

오늘 사리아까지의 거리는 약 18㎞ 매우 짧은 구간이다. 그래서인지 심적으로 전혀 부담을 못 느낀다. 아침을 가볍게 해결한 후 줄곧 걷기만 한다. 이 구간은 순례자들이 쉽게 이용 가능한 카페나 바 같은 편의시설이 보이지 않는다. 오늘 걸으면서 느낀 것은 가장 힘이 들지 않았다는 것이다. 지나 온 풍경 때문인지, 그동안 다져진 체력인지 알 수 없지만 가볍게 사리아에 도착했다. 이곳에 도착하니 마음의 안도감이 밀려온다. 마지막 목적지가 가까이 느껴지는 것과 이곳까지 건강히 이겨낸 성취감 때문일까? 아무튼 새로운 좋은 기분이 든다. 그동안 잘 이겨내 준 나 자신에게도 격려를 해 주고 싶다.

사리아(Sarria)는 만 4천 명 정도의 인구를 구성하는 갈리시아주에서 두 번째로 큰 도시다. 이곳부터 100㎞ 순례 구간이라서 순례 증명서를 받을 수 있는 최소의 시작점이 된다. 단기 휴가를 얻은 지구촌 순례자들이 이 도시에 구름 떼처럼 몰려온다. 구 시가지의 성당 옆 공익 알베르게에 도착하니 아직 문이 잠겨 있다. 그 근처 계단으로 이어진 골목길을 따라 올라가 보니 작은 카페나 바가 많이 있고. 정오인데도 사

*잊혀진 나를 찾아 가는 길*

람들이 이곳저곳에서 오찬을 즐기고 있다. 나도 조용한 한 바에서 점심을 먹고, 다시 성당 옆 알베르게에서 체크인한 후, 내일 일정을 준비하고 '뽈뽀와 화이트 와인'을 파는 식당으로 찾아 나섰다.

구시가지 중심의 전통 시장 구경을 가기로 하고 혼자 알베르게 정문을 빠져나왔다. 언덕길을 올라가고 있는데, 오세브레이로 식당에서 함께 저녁을 했던 전 덴마크 검사장을 우연히 만났다. 난 시장 구경을 가려고 한다고 하니, 같이 가자고 제안을 했다. 그러나 그는 그곳에 이미 다녀왔다고 하면서 그 시장과 장소를 친절하게 나에게 안내해 준다. 그와 인사를 나누며 헤어진 후 나는 시장 방향으로 걸어 나갔다. 스페인 사람들이 모여서 먹고 마시는 것이 보이는 시장 골목 문어음식점에 들어가 모퉁이 테이블에 혼자 앉았다. 사리아 시민들이 즐겨 마시는 '문어와 화이트 와인'을 시켰다. 오늘은 순례길에서 처음으로 '혼자 밥 먹기'를 해 본다. 스스로 묵상하면서 여유있게 와인 한잔하는 것도 즐겁게 느껴진다.

시장 모퉁이에 있는 문어 요리와 와인을 한잔하면서 문득, 에스파냐가 어떤 나라인가에 대해 궁금했다. 나는 스페인의 전체 역사는 잘 모른다. 그러나 이 스페인에 관련된 여러 자료를 통해 내 머리에 남아있는 몇 가지 짧은 현대사의 발자취를 이 기회에 소개하고자 한다. 우리와 비슷한 현대 역사를 가졌다고 할 수 있는 스페인은 19세기 말 20세기 초의 혼란한 역사와 내란

을 겪으면서 쇠퇴 국면을 맞이했다. 이 내란은 근본적으로 같은 동포들끼리의 이념전쟁이었다. 결과적으로 이 스페인 내전은 엄청난 인명 살상과 더불어 경제적 파탄을 가져왔다.

게다가 제2차 세계대전 중에 스페인은 히틀러나 무솔리니를 지지한 이유로 연합국과 다른 유럽 여러 나라들로부터 따돌림당하는 수모를 겪어야 했다. 이러한 결과 때문에 심한 경제적 보릿고개를 넘겼다. 그 후 50년대에 들어서면서 미국과 스페인 양국의 관계가 개선되었다. 또한 스페인이 UN 가입으로 인한 문호 개방과 함께 60년대의 스페인 실업 이민자들이 외국에서 벌어 고향에 보내준 외화를 바탕으로 중공업, 기간산업의 육성에 박차를 가하기 시작했다. 75년도 프랑코 사망과 과도기 정부를 거치고 80년대, 90년대의 고도성장을 이룩하면서 명실상부한 유럽의 강국으로 떠오르고 있다.

80년 모스크바 올림픽과 84년 LA 올림픽의 반쪽 스포츠 이벤트 사이에 82년 월드컵 대회가 스페인에서 개최되는 행운을 얻었다. 그동안 베일에 가렸던 스페인이 월드컵을 통해 전 세계인으로부터 폭발적인 인기를 얻게 되었다. 왜냐하면 모스크바의 반쪽 국제 스포츠 이벤트에 흥미를 느끼지 못한 전 세계 스포

부다페스트에서 온 미남 청년

잊혀진 나를 찾아 가는 길

츠 팬들로부터 관심과 흥미가 고조되었기 때문이었다. 베일에 가려진 에스파냐 문화가 한 순간에 전세계적으로 소개되었다. 월드컵을 치른 그다음 해부터 스페인을 찾는 방문객 수가 프랑스를 넘었다고 한다. 경제적으로는 90년 초의 고도성장 여파로 실업률이 감소하면서 국민경제에 향상을 가져왔고, 이어 EU 초대 국가로 유럽에서도 힘 있는 국가로 자리매김하기 시작했다. 스페인은 두 거대한 월드컵과 올림픽 이벤트로 인해 정치적, 경제적으로 효과를 톡톡히 본 나라다. 구체적인 스페인의 현재 경제 현황은 잘 모르지만, 이 순례 길을 걷다 보면 각종 생활 물가가 우리나라보다 낮다는 것이 인상적이다.

사리아의 문어요리와 와인가격은 매우 저렴하다. 문어는 비타민과 미네랄이 풍부하며 단백질이 많고 지방이 적기 때문에 체중을 조절하는데도 효과가 있는 식품이다. 문어는 믿을 수 없을 정도로 영양가가 높은 단백질 식품이다. 게다가 비타민 B6 및 B12, 셀레늄, 구리, 철, 아연 등이 풍부하다. 또한 문어는 연체동물 중에 타우린 성분이 가장 풍부한 것으로 알려졌다. 그

러므로 문어는 피로회복에 좋은 음식이다. 또한 혈압을 정상화하는 기능도 있으며, 동맥경화나 심장마비 예방은 물론, 시력 감퇴 예방에도 도움이 된다고 한다. 이 좋은 음식을 권유한 독일인 의사께 감사를 느낀다.

국가나 개인도 아픈 사건과 시련을 통해 성장하고 성숙해진다. 스페인도 동족 간의 아픈 이념적인 갈등으로 인해 수많은 국민들이 피를 흘리며 죽었다. 우리나라도 마찬가지

다. 아직도 이념적인 문제로 국가 경제손실이 막중하다. 개인 간의 관계도 마찬가지다. 모두들 단 한 번의 인생을 좀 더 자연인처럼 살아갈 수는 없을까? 내일을 위해 알베르게로 돌아와 잠을 청해 본다.

"우리의 삶의 파문이 있다면, 순례길로 떠나야 한다."

- 존 브리얼 -

잊혀진 나를 찾아 가는 길

# 우리의 생각이 미래를 만든다

　오늘도 아침에 일찍 일어나서 출발 준비를 모두 끝내고 신발 끈을 단단히 맨다. 약간 들뜬 마음으로 배낭을 메고 알베르게를 나섰다. 어제 이미 미리 시내를 빠져나가는 길을 상세하게 인지했기 때문에 쉽게 도시를 벗어났다. 이미 나보다 더 앞서 나가는 순례자들이 몇 사람 보인다. 작은 언덕을 지나서 아름다운 목초지가 보이고 소똥 냄새가 물씬 풍기는 '목축업 구간'도 지나게 되었다. 산길을 따라 걸으니 산티아고까지 'K.100'이라고 표시한 이정표를 발견한다. 순례길 시작 초기에 보았던 '800km'의 이정표와는 전혀 상반된 감정을 느끼게 한다. 이정표에 새겨진 그 숫자가 작으면 작을수록 "반갑다, 고맙다,

감사하다."라고 이정표와 마음으로 대화한다.

산티아고 목적지까지 다 온 것 같은 느낌을 품고, 울창하게 우거진 아름다운 숲길로 걸어간다. 숲 사이로 내려오는 '햇빛 줄기'는 환상적인 분위기를 연출한다. 울창한 산속이 아니면 볼 수 없는 장면이다. 평화롭게 흐르는 개울을 걷다가 또 산속 길을 만난다. 이 길을 걷는 순례자들의 한 걸음 한 걸음이 시(詩)가 되고, 노래가 되고, 그들의 철학이 된다. 오늘의 모습은 어제가 만들어 놓은 것, 오늘은 내일의 내 모습이 된다. 이 길의 끝을 만나면, 더 베풀고, 더 풍성하고, 더 자유롭고, 더 평화롭고, 더 건강하게 살아가고 싶다.

신비스러운 숲길을 걷다 만난 작은 마을 카페에 들렸다. 지금까지 보지 못했던 많은 사람이 카페 앞에 모여 있었다. 커피를 주문하면서 사람이 많은 이유에 대해 주인에게 물어보았다. 단기 순례자들은 사리아부터 하루에 두 번씩 순례 여권에 도장을 받아야 순례 증명서 받을 자격이 있다고 설명한다. 그들은 순례의 본질을 경험하기보다는 '순례 증명서'에 더 관심이 많아 보인다. 스스로 땀과 인내의 고통을 이겨내지 않고 받은 그 종이 순례 증명서가 무슨 의미가 있을까?

작은 마을을 지나 걷기에 한창 몰입하고 있을 때 앞에서 한국 사람들의 말소리가 들린다. 그들은 여행사를 통해 18일 동안 여러 중요한 곳만 골라 걸으

*잊혀진 나를 찾아 가는 길*

며, 숙소는 주로 호텔에 머문다고 한다. '순례 증명서'를 받기 위해 사리아부터 100㎞를 걸어야 한다고 했다. 중간중간마다 가이드의 안내에 따라 행동한다. 그들에게 "좋은 시간 보내세요."라고 인사를 건네고, 더 빠른 걸음을 시작했다. 오늘의 목적지를 상상하면서 걷다 보니 어느덧 포르토마린(Portomarin)이 시야에 들어왔다. 제법 긴 민뇨(Mino) 강을 건너기 위해 높은 다리 위로 올라가 도착한 곳

이 포르토마린 타운이다. 이 마을은 자연과 잘 어우러져 깨끗하고 조용한 곳이다. 여기에 머물기엔 내가 너무 일찍 도착한 것 같다.

포르토마린의 아름다운 경치를 뒤로하고 조금씩 고도가 높은 언덕길로 노란 화살표를 따라 걷기 시작했다. 작은 산 정상을 넘어 도로 옆길을 지나갈 때

가로수가 없어 힘든 느낌을 받는다. 더 힘들게 느낀 것은 아무도 뒤따라오거나 앞서서 가는 사람이 하나도 보이지 않기 때문이다. 중간에 마을도 보이지 않아 걷는 중에 좀 지루하게 느껴졌다. 소나무밭 근처에서 비상식량인 빵과 사과 하나를 먹고 다시 걷는다. 첫 번째 작은 마을에 도착하니 너무 조용한 것 같아 다음 마을로 또 전진한다. 에너지가 바닥날 때쯤에 도착한 마을이 바로 리곤데(Ligonde)

다. 이곳은 아주 작은 마을이다. 오늘 사리아에서 이곳까지 약 38㎞ 정도 걸었다. 아마 어제 먹었던 뿔포(문어) 덕분이지 않을까?

그동안 미룬 세탁을 모두 하고 샤워도 마친 후 알베르게 주인이 직접 요리하는 식당으로 들어섰다. 이탈리아에서 온 젊은 두 사람과 함께 식사하면서 포도주도 마셨다. 이들은 일주일 휴가 기간에 단기 순례를 경험하기 위해 온 이탈리아의 현직 검사라고 자신을 소개했다. 포도주를 마신 지 얼마의 시간이 지나 한 젊은 검사가 나를 향해 갑자기, "Professor Kim, What is your definition of justice?" 김 교수님, 당신이 생각하는 정의는 무엇이라고 생각하는지를 묻는 질문이었다. "I believe justice is a health conscience that makes a better world." 나는 교과서적 답변을 하고 말았다.

이날 젊은 이탈리아 두 검사가 서로 주고받는 이야기들을 잘 종합해 보면 이렇게 해석이 된다. 두 사람 중 한 친구가 좀 더 진보적인 태도를 가지고 있었고 상대 친구는 자기 친구가 이야기한 것을 일부는 긍정적으로 수용하지만, 서로가 상반된 토론(discussion)으로 이어져 갔다. 이들은 정의를 세우기 위해 검사가 되었는데, 이탈리아는 마피아의 권력이 사회의 정의를 가로막는다고 논쟁(argument)을 벌인다. 이 젊은 검사들은 마음의 답답함을 해소하기 위해 이곳을 걷기 시작했다고 한다. 정의로운 검사가 되느냐? 아니면 부패한 체제 속에서 무능한 검사로 살아가야 하는지가 그들의 마음의 무거운 짐(burden)인 것처럼 비추어졌다.

*잊혀진 나를 찾아 가는 길*

두 젊은 초임 검사들에게서 사회 권력에 굽히지 않으려는 호연지기(浩然之氣)가 있어 보여 흐뭇하게 느껴진다. 하지만 한편으로 사회 정의란 관점에서 본다면 그 나라의 현실을 자세하게는 잘 모르지만, 그 사회를 바라보는 내 마음은 어둡게 느껴진다. 이탈리아 두 젊은 검사와 이야기를 나누고 숙소로 돌아오는데 문득, 오세브레이로에서 만난 덴마크 전직 검사장이 이

곳에 있었으면 '이 두 젊은이들의 고민을 들어 주지 않았을까?' 하는 생각이 스쳐 갔다.

누구나 즐겨보는 스포츠 이벤트에서 정의(justice)라고 하면, '공정한 심판과 정정당당한 시합'을 말한다. 속임수를 써서 쟁취하는 승리는 부끄러운 메달이 된다. 우리가 잘 아는 1988년 서울 올림픽 당시 캐나다 육상 선수 벤 존슨은 9.79초라는 세계신기록을 수립하고도 스테로이드를 복용한 사실이 드러나 금메달을 박탈당했다. 이처럼 '정의'란 한 개인이나 사회도 마찬가지다. 사회 정의란 그 사회 모든 구성원이 인종, 성별, 종교와 관계없이 사회적, 경제적, 정치적으로 공정한 기회를 누릴 수 있는 것을 말한다.

신뢰(trust)란 스포츠 세계는 물론 더 나은 사회나 개인의 삶의 질을 높이기 위해 필수적인 요소다. 신뢰가 높은 사회는 함께 살아가면서 구성원 간에 안전감과 생산성이 높아진다. 사회의 결속력은 신뢰의 바탕 위에서 생긴다. 신뢰 수준이 높은 지도자는 그 사회를 정의롭게 만들지만, 신뢰가 무너지면 분열과 갈등으로 인해 구성원 모두가 불행해진다. 신뢰란 개인뿐만 아니라

정치, 경제, 외교 등 모든 관계의 강력한 기반이 된다. 결국 사람들은 부정부패나 정의가 부재한다고 느끼는 그러한 사회에서는 정의(justice)를 목말라 하게 된다. 덴마크처럼 부정부패가 없는 청렴한 사회가 되느냐, 혹은 이탈리아처럼 부정부패가 빈번한 국가가 되느냐는 그 나라를 이끌어 가는 지도자들의 몫이 된다.

재미있는 유머 하나를 소개하자면, "일본 사람은 생각이 정리되면 뛰고, 중국 사람은 일단 뛰고 난 뒤 생각하고, 미국 사람은 뛰면서 생각한다."라는 이야기가 있다. 반면에 한국 사람은 "뛰다가 잊어버린다."라는 것이다. 이 말은 순전히 만들어 낸 유머이지만 "한국인은 뛰다가 잊어버린다."란 말을 곱씹어 보면 기분이 묘해진다. 이 순례길을 지나오면서 몇몇 젊은 친구들과 대화 할 기회가 많았다. "무슨 생각을 하고 걷고 있는가?"라고 질문을 하면 "그냥 아무 생각 없이 걷고 있어요."라고 말한다. 생각은 무척 중요하다. 생각을 많이 할수록 메타인지력이 높아, 자신이 누구인지, 자신의 장단점을 잘 이해하고, 또 자신이 가야 할 방향을 잘 선택하는 능력이 생기게 된다. 루이스 헤이(Louise Hay)는 "Every thought we think is creating our future." 그렇다. 우리의 생각들이 우리의 미래를 만들고 있다. 내일을 위해 잠을 청해야겠다. 오늘은 '생각하는 밤'이다.

**삶 속에 비움과 채움을 통해 배려와 겸손을 배운다.**

*잊혀진 나를 찾아 가는 길*

# Who am I?

　지난밤 이탈리아에서 온 두 젊은 검사들과 만찬 중에 '정의란 무엇인가?'에 대해 나눈 이야기는 오랫동안 기억에 남을 것 같다. 뜻대로 되지 않는 사회정의를 위한 실현을 놓고 고민하는 두 젊은이의 모습이 무척 이해가 갔다. 누구나 젊은 시절에 한 조직 내의 '불합리성'에 대한 고민을 한 적이 있을 것이다. 그래서 그들의 고민에 대해 충분히 이해를 할 수 있었다. 사회 정의는 국가의 여러 측면에서 공정성과 형평성을 높이게 된다. 정의가 실현되지 않는 사회는 편향적 사고에 매몰되고, 또 사회 구성원 사이에 갈등으로 이어지게 된다. 그들의 고민은 더 나은 사회를 만들기 위한 하나의 몸부림이다.

한 나라 동일한 국민임에도 불구하고 이념적 갈등의 늪에 빠져 국론이 하나로 통일되지 못하는 것은 정의롭지 않다는 간접증거다. 나아가 이런 논쟁은 국가 경제적 큰 손실로 이어진다. 모든 나라의 근대사를 살펴보면, 산업화를 시작으로 민주화로 넘어섰다. 현재의 시각으로 산업화 시대의 지도력을 깎아내려서는 본질을 깨닫기 어렵다. 그렇다. 우리 경제가 어떻게 하여 여기까지 왔는지, 생각하면서 '생각의 본질'을 잊어버리는 어리석음을 범하지 말아야 한다.

오늘 목적지는 리곤데에서 멜리데(Melide)까지 정했다. 멜리데에 더 유명한 문어 요릿집이 있다고 하여 그곳에서 머물기로 했다. 리곤데에서 출발

한 지 얼마 되지 않아 멜리데를 향하는 길목에 빌라르 데 도나스(Vilar de Donas) 수도원이 있다. 나는 가야 할지를 망설이다가 직접 중세문화가 숨쉬는 그 현장을 가 보기로 했다. 왕복 약 4.5㎞의 거리다. 도착하자 눈에 들어온 이곳 중세 분위기의 건축물에 압도되어 역시 잘 왔다는 보람을 얻었다. 로마네스크 양식의 커다란 문(door)과 고딕 양식의 아치가 예술적이다. 이곳은 순례자들을 보호하는 기사단의 본거지가 있었던 마을이다. 빌라르 데 도나스(Vilar de Donas)란 이름은 기사들의 미망인들이 생활하는 마을이란 뜻이라고 한다. 나는 중세 예술의 향기가 풍기는 곳을 뒤로하고 다시 멜리데로 향했다.

산티아고 순례길은 자신이 조금만 주의하면 더 안전한 길이 된다. 새벽에 출발하여 하루에 정해진 목적지에 다다르면, 작은 성취감이 몰려온다. 매일 활동한 육체의 피곤함으로 인해 깊은 수면으로 이어진다. 이러한 깊은 수면(deep sleeping)은 내일을 위해 쓸 몸과 마음을 새롭게 만든다. 이 길은 스스로 자신을 깨닫는 길이 된다. 더 나은, 자신의 삶을 가꾸려면 더욱 그렇다. 자신을 발견한다는 것은, 그렇게 거창하고 어려운 일이 아니다. 나를 발견한다는 것은, 결국 자신이 좋아하는 것과 싫어하는 것을 깨달으며, 자신의 신념과 가치를 발견하고, 자기를 스스로 잘 가꾸어 나가는 능력을 키우는 것을 말한다.

아리스토텔레스는 "자신을 아는 것이 모든 지혜의 시작이다."라고 강조했다. 자신을 발견한다는 것은 삶 중에 가장 소중한 실천이다. 나를 발견하는 것은 단순히 '나를 안다.'라는 수준에 머무는 것이 아니라 '나를, 더 나답게' 만들어 나가는 과정을 말한다. 나를 발견한다는 사실은 어려운 것이 아니지만, 길들여진 인생의 형태에 따라 살아가는 현대인들에게 자기 내면을 들여다볼 여유가 없다. 게다가 자기 성찰의 기회나 교육도 없다. 다행히 21세기의 교육 방향은 '자기 주도적 학습 모형(self-directed learning model)이 된다. 과거처럼 암기력을 바탕으로 하는 주입식 위주의 교육은 21세기의 인재를 육성하는데 적합하지 않다. 창의력을 요구하는 자기 주도적 학습 모형은 학습자 중심의 교육이며, 메타인지력을 높이는 교육방식이라는 사실을 간과하지 말아야 한다. 메타인지란 인지과정 중에 자신의 장점과 단점을 발견하는 과정부터 시작된다. 결국 메타인지란 나를 더 성숙하고, 성장하게 만든다는 사실을 잊지 말자

잊혀진 나를 찾아 가는 길

21세기는 과거보다 다른 모습, 다른 가치관, 다른 교육 방법 등이 새로운 시대를 더 풍요롭게 만든다. 앞으로 나를 발견하는 교육도 정규 교과 과목에 접목해 새로운 윤리·도덕관 위에 21세기의 인간상을 만들어 나가야 할 때라고 본다. 더 성숙한 인간으로 살아가기 위해, 자신과 타인을 용서하고, 나의 약점과 상대의 약점조차도 받아들여, 모든 것을 사랑하는 법을 배우고 실천해 나간다면, 그것이 바로 이상적인 인격이 아닐까?

필자는 이 길을 걷는 중에 여러 사람을 만나 이러한 주제를 가지고 이야기를 나누어 보았다. 그런데 이 길 위에서 만나는 젊은이들은 '나를 찾는다.' '나를 발견한다.'란 개념을 너무 추상적이고 어렵게 받아들이는 것 같다. 걷는 동안 자신의 지난 경험에서 잘한 점과 부끄러웠던 순간 등을 하나씩 꺼내어 반성하는 것부터 시작하면 된다. 매일 걷는 동안에 자신의 지난 일들을 잘 정리해 나간다면, 나를 발견하는 좋은 기회가 찾아온다.

그동안 앞만 보고 달려온 자신을 다시 뒤돌아볼 좋은 기회가 된다. 순례길은 혼자 걷기에 부담이 없는 길이다. '나는 누구인가, 나는 어디에서 왔으며 어

디로 가고 있는가?'라는 추상적인 질문을
하면 자신이 잘 보이지 않는다. 단순히 나
는 무엇을 좋아하는가 보다, 작은 보람이나
성취감을 느끼는 것과 반성해야 할 것을 발
견해야 자신을 더 알게 된다. 그리고 자신의
장단점은 무엇인지, 자신이나 타인을 용서
하는 방법은 어떤 것이 있는지 생각하고, 더
나은 자신을 위한 것들을 생각하면서 새롭
게 정리하면 된다. 정리된 생각들을 하나씩
실천해 나가는 것부터 새로운 시작이 된다.

어제 리곤데 언덕을 넘어오면서 약간 힘이 들었지만, 오늘부터는 거의 평
지와 같은 길이다. 팔라스 데 레이에서 멜리데까지 이어지는 숲길은 나무들
이 햇볕을 막아주어 걷기에 편하다. 갈리시아 지방을 넘고부터는 오래된 건
물들과 이정표조차도 고풍스러운 느
낌을 더하게 한다. 마치 중세 시대로
돌아온 것 같은 착시현상을 느끼게 하
는 곳도 종종 있다. 숲길을 한참 걷
다가 아름다운 도시 팔라스 데 레이
(Palas De Rei)에 도착했다.

우연히 한국에서 온 신사분과 함께
점심을 같이했다. 그는 한 직장에서 정
년퇴임을 한 후, 새로운 경험을 해 보
기 위해 이 길을 도전했다고 한다. 두
아이를 대학까지 보냈고, 그동안 자신

이 가고 싶었던 곳, 입고 싶었던 옷, 먹고 싶었던 요리 등을 모두 포기하고 살아왔단다. 이번에 처음으로 사랑하는 가족과 떨어져 혼자 걷고 있으니 가족의 소중함을 더 느끼게 된다고 고백했다. 순간, 내 눈에서 감격의 눈물이 핑 돈다. 그가 살아온 모습이 충분히 공감된다. 가족의 소중함이 자신의 인생에서 가장 중요한 가치라고 말한다. 이것은 우리 세대의 아버지의 가치관일 것이다. 그와 얼마의  길을 같이 걷다가 길 위에서 서로 헤어졌다.

강렬하게 내리쬐는 햇볕이라도 순례자들은 발걸음을 멈추지 못한다. 이 길은 태양이나 어떠한 기후 조건도 "가느냐, 혹은 머무느냐"에 대한 선택이 주어지지 않는다. 오직 걷는 길 밖에는 다른 선택의 여지가 없다. 이것이 바로 순례자 정신일 것이다.

## 순례 일기

하늘에 해가 없는
날이라도 걸어야 한다.
힘든 높은 산이라도
올라야 한다.
비가 오는 날이라도
빗속을 가야 하고,
눈이 오면 눈길 위로 가야 한다.
태양이 강렬하게
내리쬐는 날에도,
바람 불고 추운 날에도,
우리는 걸어야 한다.

걷다가
또, 걸어가다가
몸이
피곤하면 잠시 쉰다.
산을 오르다 지쳐,
힘이 다 고갈되어도,
그 산을 넘어가야 한다.
가다가
하루를
마감하려면,
알베르게에서 보낸다.

*잊혀진 나를 찾아 가는 길*

순례자는
오직 목적지를 향해 걷고,
또 걸어가야
800㎞의 끝을 만난다.
Who am I?


멜리데(Melide)는 다운타운 방향으로 걸어가면 갈수록 도시가 생각보다 크다는 사실을 깨닫는다. 마을로 들어서자 골목길로 화살표가 이어진다. 긴 골목길이 다 끝날 무렵에, 한 식당 밖에서 통같이 생긴 큰 솥에서 문어를 삶고 있는 모습이 시야에 들어왔다. 지나가는 순례자들에게 맛보라고 문어 다리 하나를 잘게 썰어 준다. 우리네의 시장 풍경과 유사하다. 몇 조각을 맛본다. 사리아의 그 문어와 식감이 좀 다르다. 공짜로 먹은 문어 몇 조각에 심리적인 부채 의식을 느낀다. 알베르게에서 내일을 위해 준비를 끝내고 다시 그 식당으로 찾아갔다.

뿔뽀 식당에서 화이트 와인과 함께 먹는 그 맛은 잊을 수 없다. 땀을 흘리며 갈증을 해소하기 위해 마신 '레몬맥주'와는 사뭇 다른 느낌을 준다. 산을 넘고 메세타 고원을 지나 여기까지 온 것에 감사가 넘친다. 내일은 산티아고 코앞까지 걸어 볼 생각이다. 이틀 후면 이 길의 모든 여정은 끝나고 새로운 길이 시작된다. 나 자신에게 자랑스러움을 느끼는 하루였다.

"내려놓음은, 또 하나의 채움의 길이다."

- 어느 선교 책에서 -

# 오늘도, 어제의 모습인가요?

멜리데(Melide)시는 인구가 약 8천 명이 되는 성장하는 도시지만, 구시가지가 중세풍의 고풍스러운 모습이 그대로 남아있다. 산티아고를 향하는 순례자들은 이곳에서 머물고 가는 사람들이 많다. 멜리데(Melide) 공익 알베르게는 시설이 깨끗한 곳이다. 이 숙소는 항상 만원이라고 한다. 오늘은 차분한 마음으로 눈을 떴다. 새벽에 느끼는 이 기분은 마치 박사과정 자격시험을 합격한 그때 그 느낌처럼 작은 성취감이 밀려온다. 새로운 마음의 각오로 모든 출발 준비를 마친 후 알베르게를 조용히 빠져나왔다. 새벽 6시지만 사방이 어둡다. 길에 세워진 이정표는 나를 향해 빨리 오라고 손짓하는 듯하다. 노란 화살표를 따라 걸어가는 발걸음은 생생한 리듬감을 느끼게 한다.

오늘 목적지는 산티아고 성당이 보이는 고소산(Monte del Gozo)까지다. 멜리데에서 그곳까지 약 50㎞ 정도 되는 긴 구간이다. 기록적인 도전이라서 마음의 부담은 느끼지만, "난 할 수 있어."란 분명한 자신감이 넘실댄다. 무슨 일이든지 목표가 분명하면, 몸과 마음 그리고 뇌까지 맑아진다. 오늘의 계획은 내일 오전까지 산티아고에 도착하는 것이다. 왜냐하면 순례 증명을 받는 길이 너무 길어서 2~3시간 기다려야 하는 것과 새로운 숙소를 적당한 곳에 예약해야 하기 때문이다.

어제 저녁밥 대신에 뿔뽀(문어)를 먹어서 그런지 모르겠지만 발걸음이 가볍게 느껴진다. 독일 의사가 전해 준 말은 "문어가 기력회복에 좋다."고 여러번 강조했기 때문에 무의식적으로 학습이 된 모양이다. 기대하면 그대로 이루어진다는 일종의 플라시보(Placebo) 효과 같은 자기충족적 예언인지 모르겠지만, 아무튼 오늘 발걸음은 힘이 솟는다. 마을

*잊혀진 나를 찾아 가는 길*

을 빠져나온 지 얼마를 지나 작은 빗방울이 한두 번씩 내 모자에 떨어지는 것을 느낀다. 조금 더 걷다가 빗방울의 빈도가 늘어나 판초 우의를 꺼내 입었다. 지금 지나가는 갈리시아 지방은 바다가 근접해있어 비가 자주 오는 편이다.

비가 오락가락하는 중 아름다운 유칼립투스(Eucalyptus) 숲길로 이어진다. 이 길 양쪽으로 유칼립투스 나무가 군집을 이루고 있다. 숲속에서 풍겨 나오는 향기가 독특하게 느껴진다. 이 숲길을 따라 걷다 보면 숲속에서 느끼는 그 향기가 순례자들 마음을 평안하게 만든다. 맑은 숲속 공기와 어우러져 오는 향기로 정서적 안정감이 찾아든다. 이 순례길은 도시와 시골로 이어진 긴 길이지만, 이곳은 도시 냄새와는 전혀 다르다.

아르수아(Arzua)를 벗어날 무렵에 다행히 비가 멈추면서 동시에 햇볕이 나타났다. 걷다가 순례객들이 많아진다는 것을 실감케 했다. 가다가 부르고스 전에 만났던 브라질 청년을 다시 만나게 되어 인사를 나누었다. 길을 걷다가 시야에 들어오는 대부분 사람은 사리에서 출발한 단기 순례자들이다. 그들을 쳐다보면 생장에서 출발한 순례자들과 겉모양에서 식별된다. 단기 순례자들은 옷과 배낭 모두가 깨끗하지만, 생장에서 출발한 순례자들은 겉모양이 깔끔하게 보이지 않는다. 순례의 본질은 겉모양보다는 마음 중심이 아니겠는가?

나는 두려움 반 설렘 반으로 프랑스 생장에서 출발하여 산티아고를 불과 몇 ㎞ 앞두고 걷고 있다. 이 길 위에서 한 달여 동안 무엇을 생각하고, 느끼고, 깨달았을까? 나는 여행객이 아닌 온전히 순례자로 혼자만의 시간을 통해 나를 더 객관화하는 작업을 해 보았다. 이곳에 오기 전만 해도, 삶의 패러다임이나 조직의 울타리 속에 매이다 보니, 나의 본래의 모습을 잊고 살아온 것은 사실이다. 이 길은 그 누구도 나의 존재를 속박하거나 혹은 간섭하는 사람은 없었다. 자유로운 영혼으로 혼자서 묵상하고 기도하며 걷는다. 비가 와도, 바람이 불어도, 추워도, 외로워도, 배가 고파도, 목이 말라도, 힘들어도 걷고 또 걸었다. 산을 오르고 내리거나 들판을 지나도 아무런 불평 없이 기쁨과 감사 그리고 감동이 넘친다. 이 감동과 감사는 지금까지 어느 곳, 어느 위치에서도 느껴보지 못한 경험이다. 이것은 온전히 내가 선택하고 실천한 자율적 행동이다.

"오늘 하루가 어제와 별다르지 않다면 당신은 잘못 사는 것이 틀림없다."라고 말한 코엘료(Coelho) 작가의 말처럼, 우리의 한정된 삶의 시간 속에서 소중한 하루를 위해 변화의 열정을 쏟아야 한다. 어제와 다른 오늘을 차곡차곡 세월과 함께 모여서 쌓여 나아간다면, 나와 세상을 바라보는 놀라운 자신만의 훌륭한 역사가 될 것이다. 주변 친구들이나 친인척들로부터 "너는 옛날이나 지금이나 변화가 없

네."라는 이야기를 듣는다면, 지금부터라도 자기 내면의 소리에 귀를 기울여야 한다. 톨스토이(Tolstoy)는 "모든 사람이 세상을 변화시키는 것을 좋아한다. 하지만 누구도 그 자신을 변화시키는 것은 생각하지 않는다.(Everyone thinks of changing the world, no one thinks changing himself.)"라고 강조한다. 참 마음에 와닿은 말이다.

오늘은 첫날부터 지나간 일들이 주마등처럼 스쳐 간다. 순례길 첫날, 피레네산맥을 넘어오면서 길을 잃고 헤매다가 눈 속으로 달려오는 스페인 농부의 도움을 받았던 일과 미국 제임스 목사를 만나 500㎞ 동행한 추억은 결코 잊을 수 없다. 페르돈 용서의 언덕을 넘어가면서 나 자신과의 싸움을 통해 감동과 성취감을 얻었고, 악명 높은 메세타 고원 지대를 걸어오면서 준비, 인내, 성찰, 성취감, 감동과 감사를 느꼈다. 마을을 지나고 한적한 시골길을 지나 산모퉁이를 지날 때, 새소리 바람 소리 숲속의 향기 속에서 왜 눈물이 흘렀는지 그 이유는 지금도 생각나지 않

는다. 감동인지 감사의 눈물인지 아니면 두 가지 모두 어우러져 나온 눈물인지 모르지만 걷는 동안 혼자 묵상 시간에 종종 그 눈물이 찾아왔다. 그 눈물이 나를 치유하는 순간이었을까?

이 길을 성공적으로 완주하려면 '사전 준비'가 필수다. 준비를 다 하지 못한 순례자들은 '중도 포기'하는 경우가 많았다. 가장 중요한 것은 '체력 준비'다. 이 길을 완주하려면 6개월에서 1년 정도 준비기간을 두고 체력을 다져야 한다. 특히 높은 산을 오르고 내릴 때는 의지력과 인내력이 요구된다. 사전 준비 없이 이 길을 온 사람들은 중도에 하차하는 확률이 높아진다. 그들은 순례자의 여권을 받았지만 순례자의 태도 보다는 여행하러 온 사람처럼 행동한다. 이 길은 분명히 천년을 이어 온 순례자를 위한 길이다. 단순히 일상에서 지친 사람들의 돌파구 같은 길만은 아니다. 자기 성찰을 통해 자신을 발견하고 더 나은 새 삶을 만들기 위해서 노력하는 길이다.

나는 생장에서 지금까지 늘 새로운 날을 맞이하며 힘을 다하여 걸었다. 게으름이나 나태가 없는 순례였다. 힘들고 어려우면 저절로 기도가 나온다. 감동하면 저절로 눈물이 흐른다. 이 길은 분명히 감사와 감동의 길이다. 그 고통과 고난 그리고 인내를 통해 얻은 '감동과 감사'는 돈으로 살 수 없는 무형적 가치를 지닌다. 특히 500㎞까지 함께해준 미국 제임스 목사를 통해 신앙의 세계로 더 깊히 나아갈 수 있음에 감사를 느낀다.

오늘 새벽 6시에 출발하여 아르카 오 피노(Arca O Pino) 마을을 한참 지나서 마지막 유칼립투스 숲을 만난다. 여기서부터 산티아고까지 약 14㎞ 남은 셈이다. 오늘은 산티아고 바로 코앞에 있는 마지막 공익 알베르게까지다. 해는 점점 저물어 간다. 나는 빠른 걸음으로 문을 닫기 바로 직전에 겨우 도착했다 오후 6시 10분 전이다. 온종일 약 50㎞ 걸었다. 도착한 고소산 알베르게는 가장 큰 알베르게 중 하나다. 모두 만원이라 겨우 사정해서 입실했다. 시간을 의식하면서 샤워하고 저녁을 해결하기 위해 밖으로 나왔다. 9시 전까지는 입실해야 한다고 한다. 급하게 허기를 해결하고 내일 산티아고 입성을 위해 잠을 청한다.

## The Way

This road is open to anyone
white, black, or yellow
Anyone can walk "The Way"
whether rich, poor or sick

The road is open to anybody
sincere, lazy or even those with
special needs
The road is open to any person
looking for a blessing
Those who walk without stepping

With feel the grace of God
like snow descends upon Them

During the walk to Santiago,
as you reach your goals,
you will dance and sense of mercy
and patience of God

Far beyond the mountains across
the rivers and bridges, the villages,
the fields, the Albergues, and the roads
towards Santiago
Where the sky and the earth meet
Finally, you will find the love of GOD.

Jesus said that, I am "The Way", The truth, the life,
no man comes unto The Father by me.

- John 14:6 -

He that comes to me shall not walk in darkness,
but I shall have "The light of life.

- John 8:12 -

# 크로노스(Chronos) 시간 속에서
# 카이로스 (Kairos) 시간으로

이 순례길 위에 있는 마지막 몬테 델 고조(Monte del Gozo) 공익 알베르게에서 마지막 하룻밤을 보냈다. 새벽을 기다리는 나에게 이곳까지 무사히 온 것에 대한 안도감과 함께 아쉬움이 밀려온다. 지난밤은 긴장이 풀려서인지, 아니면 다른 때보다 더 많이 걸어 몸이 피곤해서인지, 잘 모르겠지만 꿀잠을 이룬 것 같다. 새벽부터 주변이 매우 부산스럽다. 마치 필자가 해병대 훈련소에서 신병 교육을 끝낸 다음, 수료식을 준비하는 아침의 그 분주한 모습과 유사하게 느껴진다.

많은 순례자가 한 걸음이라도 더 빨리 산티아고 대성당까지 가고 싶은 욕망 때문인지 모르겠지만, 지나온 다른 모든 알베르게 보다 여유 없이 더 분주하다. 샤워를 하려는 사람과 간단히 얼굴만 닦으려는 사람들이 줄을 서서 기다린다. 동시에 출발하는 사람들이 많아 새벽부터 시끄럽다. 모두 다 미지의 산티아고 목적지에 더 먼저 가고 싶은 모양이다. 누군가 목적지에서 기다리지는 않지만, 각자가 자신의 모양을 챙긴다. 마치 신병 교육을 마친 훈련병처럼 들뜬 분위기다. 이 순간만큼은 행복하고, 또 마음이 들떠있다.

그들은 산티아고 순례를 마친 이후의 삶에 대한 염려보다는 단순히 '끝이다'라는 생각에 모두는 현재의 성취감에 도취하여 기쁘고 행복하게 보인다. 이곳은 분주하게 만드는 대부분의 순례자는 단기 순례자들이다. 그동안 자신이 고행의 그 분량만큼이라도 행복을 누렸으면 한다. 인간은 누구나 '마지막'이라는 생각을 곱씹을수록 미련과 아쉬움이 남을 것이다. 호주의 유명작가인 앤드류 매튜스(Andrew Mathews)는 "중요한 건 당신이 어떻게 시작했는가가 아니라 어떻게 끝내는가이다."라고 강조했다. 맞는 말이다. 이 순례길의 시작보다는 걷는 동안에 무엇을 생각하고, 의미 있었던 것을 돌아보고, 자기 발견이 무엇인지 자기 성찰을 통해 스스로 변화하는 자기(self) 모습을 만들어 가야 마무리를 잘한 것이다.

이 길 위에서는 열정의 분량만큼 아쉬움과 미련의 분량이 비례할 것이다. 한 달여 동안 800㎞를 걸어왔고 이제 산티아고를 불과 3~4㎞를 남겨 두고 있

*잊혀진 나를 찾아 가는 길*

다. 매일 눈만 뜨면 걷고, 피곤하면 잠을 잔다. 지금까지 이 순례길에서 740시간을 보냈다. 시간은 누구에게나 공평하게 주어진다고 여겨지지만, 이곳에서는 단순한 양적, 물리적 시간만을 의미하지 않는다. 양적으로 기록되는 그 시간보다는 질적인 시간을 생각해 보아야 한다.

산티아고 시내에 접어들면서 산티아고란 안내판을 응시하는 순간 문득, 그리스 철학자 아리스토텔레스가 강조하는 카이로스(Kairos)란 시간의 개념이 내 머릿속을 스쳐지나간다. 그는 크로노스 시간과 카이로스 시간의 개념을 다르게 설명한다. 크로노스의 시간은 정량적(quanti-

tative)인 시간의 개념이다. 이것은 우리가 일상에서 사용하고 있는 정확한 시간을 말하며, 누구에게나 같고 정확하게 적용되는 시간의 객관적인 개념이다. 그에 반하여 '카이로스'는 상대적으로 우리에게 덜 알려졌지만, 사실 더 중요한 개념이다. 시계나 달력에 얽매이지 않는 새로운 변화를 만들 수 있는 순간적이고, 정성적(qualitative)이며, 또 깨달음의 시간을 말한다.

카이로스를 직역하자면 '적절한 때'라고 번역이 되지만 기독교 신학에서는 '영적 기회'라고 설명한다. 이러한 의미는 새로운 기회를 만들기 위한 시기적절하고 결정적인 순간을 말한다. 시간이라는 두 다른 개념을 축구 경기에 비유하자면, 축구공을 점유한 시간을 크로노스라고 하고, 절묘하게 연결되어 골대 안으로 넣는 순간의 시간을 카이로스라고 이해하면 된다. 그 골을 지배한 선수는 경기 시간에 얽매이지 않고 오직 자신 앞으로 나타난 그 공에 순간을 집중하여 몰입한 그 시간이 바로 카이로스다. 이 순례길을 걷다가 시작 전에 이 길을 갈까 말까 망설였던 그 많은 시간이 피레네산맥 정상에서 가슴이 뻥 뚫린 듯한 감동의 순간이 바로 카이로스 시간이다.

많은 순례자와 함께 산티아고 표지판을 지나서 대성당에 도달하였다. 마지막 발걸음을 멈추고 대성당 건물을 멍하니 쳐다본다. 오랫동안 건물을 응시하는데 이유를 알 수 없는 눈물이 두 눈을 적신다. 어느 마을을 지나 산모퉁이를 지날 때, 처음으로 경험한 사나이의 눈물, 왜 눈물이 흘렀는지 아직도 그 이유를 알 수 없다. 필자가 태어난 곳은 경상도. '눈물을 보이면 사나이가 아니다.'란 이야기를 수도 없이 듣고 자라왔다. 필자는 눈물이 없는 사나이가 되었는데, 이번 순례, 길 위에서 수도 없이 눈물을 흘렸다. 무엇이 나를 이렇게 나약하게 만들었을까?

산티아고 최종 목적지 대성당 앞에 서 있는 나(self) 자신에게 대견하다고 말하고 싶다. 내가 걸어온 800㎞는 '나를 발견하는 길'이라고 한다. 나는 누구인가? 나라는 존재는 무엇이라 말할까? 심층 심리학에서 자아(ego)와 자기(self)는 엄격히 다르다. 심리학에서 자아(ego)는 의식하고 있는 자신을 말한다. 하지만 자기(self)란 자아(Ego)가 의식 못하는 잠재성 전체를 뜻한다. 이 길이 흔히 '나를 발견하는 길'이라면, 이때 나는 자아(ego)를 말할까? 아니면 자기(self)를 말할까? 좀 어려운 질문이 된다.

자아(ego)는 자신만이 가지고 있는 가치에 대한 감각을 말한다. 어떤 사람이 자아(ego)가 강하다고 한다면, 그 사람이 생각하고 느끼는 그 가치가 중요하다고 인식하는 것을 말한다. 그러한 사람의 특징은 자존심이 강하고, 자신이 틀렸다는 것을 절대로 인정하지 않는 경향이 두드러진다. 우리 주변에 살펴보면 '자아중심적 사고'가 강한 사람은 타인들을 보지 못하게 되어 '자신만의 세상'에 갇히게 되는 경우가 흔하다.

중국의 사상가인 노자가 한평생 확실하게 깨달은 것은 "온유, 근면, 겸손"이라고 말한다. 이러한 깨달음에서 오는 겸손은 훌륭한 지도자의 덕목이 된다. 슈바이처 박사는 38세에 교수직을 내려놓고 아프리카 봉사활동을 선택했다. 그는 진정으로 자신을 내려놓았다. 바로 '행복의 길'을 선택한 것이다. 그는 "성공이 행복의 열쇠가 아니라, 행복이 성공의 열쇠다."라고 강조한다. 만약 어떤 정치 지도자가 그 일이 국민을 진정으로 섬긴다면, 성공하는 지도자가 될 수 있다. 하지만 자아(ego)의 소리를 듣고 나선 지도자는 분명히 실패하고 만다.

　순례길을 걸으면서 진정한 행복에 대해 깊은 묵상을 했다. 또 이 길은 이웃의 사랑을 깨닫는 길이다. 무엇보다 중요한 것은 나(ego)를 스스로 버리는 길이다. 그것은 바로 자아(ego)를 버린다는 것이다. 시멘트 정글 속에서 만들어진 자아(ego)는 자기 파멸로 향하게 된다. 세속적인 자아가 커지게 되면 주변 사람들에게 상처를 주게 된다. 이러한 사람은 이 길을 끝까지 완주하기에는 불가능하다. 결국 매일 순례의 걸음을 통해, 스스로 버려야 자신을 발견하게 된다. 건강하지 못한 자아(ego)는 버려야 하는데 그 시간에 버리지 못하여 스스로 빼앗기게 된다. 슈바이처 박사처럼 스스로 버리는 자가되어 참 행복을 찾아보자.

## 순례길

걸으면 걸을수록
힘이 생긴다.
웃으면 웃을수록
복이 온다.
좋은 생각을 하면 할수록
기쁨이 샘솟는다.
또,
캄캄하고 어려움은
견디면 견딜수록
밝음이 배가되고
또,
마음은
비우면 비울수록
마음이 커지고
또,
나와 다른
이웃들에게
나누고 베풀수록
행복이 찾아오고
또,
걸으면 걸을수록
땀이 쏟아지고,
추억이 쌓이고
소망을 노래한다.

순례자처럼 행동하자

## chapter 7

걷
기
의

실
천
은

마
음
먹
기
다

인생은 모두 마음 먹기에 달려있다.
어제보다 더 나은 오늘을 만들어 가려면
마음먹기의 실천이 자신의 삶을 더 풍요롭게 만든다.

# 몸은 내 스스로 살리자!

　필자는 순례길을 통해 걷기가 건강에 최고의 약이라고 실감한다. 인간은 누구나 건강하길 원한다. 그러나 '건강'은 자연히 만들어지는 것은 아니다. 의학의 아버지라고 불리는 히포크라테스(Hippocrates)는 "걷기는 인간에게 가장 좋은 약이다."라는 명제(proposition)를 던졌다. 2,000년 전에 주장한 그의 진리가 현대 과학으로 증명되고 있다. 현대의학은 '걷기'가 질병의 90%를 예방하는 효과가 있다고 주장한다. 이것이 진리라면 히포크라테스의 예언은 적중한 셈이다. 그렇다면 '걷기'가 오늘날 살아가는 문명인들에게 어떻게 약이 될까?

　필자가 잘 알고 지내는 지인이 있다. 그는 어린 시절에 너무 가난한 집안의 장남으로 태어나 가난을 온몸으로 체험했다고 한다. 그는 '오직 잘 살아야 한다.'라는 생각으로 젊은 시절을 보냈다. 그는 무리해가며 결국 작은 빌딩의 소유주가 되었는데, 그때 마침  IMF라는 태풍이 몰려왔다. 은행 이자는 물론 자신의 빌딩에 세를 들어 있는 가게들이 모두 보증금을 돌려달라고 아우성을 쳤다고 한다. 두 부부는 밤낮으로 그 빌딩을 지키기 위해 자신들의 몸을 돌보지 않고 일을 했다. 그 결과로 자신은 위암 환자가 되고, 아내는 유방암 환자가 되었다고 실토했다. 그는 '소유에 대한 집착'을 분명히 후회하고 있었다. 건강이 빌딩보다 더 중요하다는 사실을 깨달았지만, 건강 지킬 때를 놓친 것이다. 이 이야기를 듣고 문득, '망우보뢰(亡牛補牢)'라는 소 잃고 외양간 고친다는 사자성어가 떠올랐다.

균형잡히지 못한 탐욕은 불행의 씨앗이다. 이 씨앗이 점점 자라 무성해지면 사면초가(四面楚歌)에 빠지게 된다. 이것은 과도한 욕망을 통제하지 못해서 생긴다. 탐욕의 근본은 욕망이지만 모든 종류의 욕망이 탐욕은 아니다. 때

로 욕망은 더 나은 환경을 만들어 나가는 원동력이 될 수 있지만, 이기적 동기에 원인이 된 것이라면 '탐욕'이 된다. 성경에도 "욕심이 잉태한즉 죄를 낳고 죄가 장성한즉 사망을 낳느니라."라는 구절이 있다. 에스파냐의 소설가 세르반테스(Cervantes)는 "집착을 버려라, 그러면 세상에서 가장 부유한 사람이 될 것이다."라는 명언을 남겼다. 내일부터 자기 삶에 있어서 가장 가치 있는 '건강한 삶'을 잘 설계해 나가자.

건강한 삶 속에서 가장 중요한 덕목은 '건강한 자신감'이다. 건강한 자신감이란 자신의 처지를 긍정적으로 수용하며 신뢰하고 자신의 삶을 스스로 통제하는 능력을 말한다. 또한 자신의 인생을 잘 꾸려나가기 위해 강하게 믿는 용기다. 나를 더 확신하고 나를 더 사랑하고, 타인을 더 소중하게 여길 때, 자신감은 점점 더 커진다. 이 세상엔 그 누구도 자신감을 가지고 태어나는 사람은 존재하지 않는다. 그러나 스스로 자신을 열등하다는 '틀' 속에 가

두지 않는다면 그 누구도 '자신감'을 만들어갈 수 있다. 스스로 걷는다는 것은 건강한 자신감을 만들어 간다는 의미이다.

나는 산티아고를 세 번 다녀왔다. 지금까지 쏟아 놓았던 이야기들은 산티아고 순례길의 첫경험 중심으로 쓴 것이다. 코로나가 끝난 후 세 번째 도전의 이야기는 다음 책에 소개하기로 한다. 그 후 매일 걷는다. 은퇴 후, 더 걷기 좋은 곳으로 이사를 했다. 그동안 타고다니던 자동차도 과감히 처분했다. 나는 완전한 BMW에 의존한다. B는 버스를 탄다는 뜻이고, M은 메트로 즉, 지하철을 이용하고, W는 완전히 걷는다는 의미다. 걷기는 습관을 넘어 즐기는 수준이 되었다. 누구나가 작은 결심만 하면 행복해지고 또 건강해진다. 나의 아내도 큰 수술 후, 이곳으로 이사를 하여 매일 걷는다. 수술 전보다 더 건강하다. 그렇다면 걷기가 왜 유익할까?

첫째, 걷기는 면역기능을 높여 준다. 걷기는 면역 세포의 혈류를 증가시키고 염증을 줄이며 항체를 강화하여 면역체계를 더 향상해 준다. 몸속에는 건강을 관리하는 보이지 않는 의사가 있다. 몸속의 의사는 바로 '면역 기능(immune system)'이다. 면역 체계란 질병으로부터 우리 몸을 보호하는 기능이다. 면역 체계는 선천적(non-specific) 면역 반응과 후천적(specific) 면역 반응이 존재한다. 선천적 면역은 면역 세포가 항상 순찰하고 있다가 세균(항원)이 나타나면 즉각적으로 해결하는 역할을 말한다. 이에 반하여 후천적 면역이란 태어날 때부터 존재하는 것이 아니라 병을 앓고 난 후 저항력이나 예방 백신에 의해 획득된 면역을 말한다. 후천적 면역 기전에는 T세포, B 세포, 항체라는 용어가 따라붙는다. 복잡하고 기묘한 면역체계를 짧은 지면에 다 설명할 수는 없지만, 걷기를 습관화하여 면역기능을 높이도록 의식해 보자.

둘째, 걷기는 '생활습관병(만성질환)'을 예방하거나 개선이 가능하다. 걷

잊혀진 나를 찾아 가는 길

기는 심혈관 질환, 뇌졸중, 고혈압, 당뇨병, 우울증, 불안, 치매 및 정신질환 등을 예방하거나 개선하는데 필수다. 현대사회의 편리한 삶의 방식(lifestyle)은 인체 기능이 떨어지게 한다. 이에 따라 발생하는 '생활습관병(lifestle disease)'은 날로 증가하는 추세다. 이것은 현대인들의 몸과 마음을 피폐하게 만든다. 걷기를 생활하  고 있는 아프리카 마사이족은 문명화된 도시인들에게 나타나는 고혈압, 당뇨, 비만 등과 같은 만성질환 없다는 것이 특징이다. 그래서 도시인들은 많이 걸어야 한다. 따라서 규칙적인 걷기는 영양, 스트레스 관리, 수면 습관과 함께 매우 중요한 생활습관병을 예방하고 개선하는 필수 요소란 사실을 잊지 말아야 한다.

셋째, 걷기는 충분한 운동 효과와 효율성이 있는 유산소 운동이다. 걷기 운동은 체온을 높여주고 심박동 수를 증가시켜 주어 심장과 폐를 튼튼하게 한다. 혈액순환에 도움이 되어 결국 심혈관질환을 예방하는 효과를 낳게 된다. 또한 체지방을 줄게 하여 혈당과 콜레스테롤 수치를 균형 있게 개선해 준다. 걷기 운동은 뼈와 근육을 탄력성 있고 튼튼하게 만들어 준다. 걷기 운동은 시간당 170~400칼로리를 소모하여 체중 관리에도 무척 효과가 있다. 그뿐만 아니라 생활의 활력소도 점점 높아져 삶의 질과 생활의 만족도가 향상된다.

넷째, 걷기는 우울증 예방이나 개선이 된다. 마음이 우울할 때 걷기를 실천하기 바란다. 빠른 걸음으로 걷다 보면 어느 순간에 뇌하수체에서 베타엔도르핀(endorphine)과 세로토닌(serotonin)이라는 호르몬이 생성되어 기분을 전환해 준다. 많은 연구에 따르면 '규칙적으로 운동하는 사람들은 기분이 좋아지고 우울증이 감소하는 효과가 나타난다.'라고 한다. 따라서 정신과 전문의들이 우울증 환자들에게 걷기나 조깅을 권유하는 이유도 걷기가 우울증을 개선한다는 연구 결과 때문이다. 특히 운동 후 느끼는 "행복감"이나 "도취감(runner's high)"은 긍정적인 정서를 만들어 기분전환에 도움이 된다. 그리고 걷기, 달리기, 자전거 타기, 수영과 같은 유산소성 운동은 행복 호르몬이라고 불리는 세로토닌을 증가시킨다.

다섯째, 걷기는 자연의 섭리다. 자연의 섭리를 거역하면 '생활습관병'이라는 화근이 찾아온다. 생활습관의 가장 근본적인 원인은 신체활동 부족(physical inactivity)이다. 그 밖에 나쁜 식습관, 잘못된 자세, 수면리듬 방해 등이 있다. 걷기의 생활화는 여러 가지 질병의 예방과 개선에 도움이 된다. 많은 의사는 걷기가 건강한 체중 유지에 도움을 주어 심장병, 뇌졸중, 고혈압, 암, 당뇨병 등을 개선하거나 예방하는데 도움이 된다고 강조한다. 특히 걷기는 혈압, 혈당 및 혈중 콜레스테롤 수치를 개선한다.

문명화된 도시 생활에서 가장 효과를 얻는 운동은 바로 '걷기와 계단 이용하기'다. '걷기와 계단을 피하지 않는다.'는 의식적 사고 습관이 건강을 지킨다. 이러한 의식적 사고는 삶의 의지로 작용하게 된다. "난, 반드시 걷겠다."라고 마음먹는 사람들은 다른 것에도 의욕이 살아난다. 하지만, "난, 못 걸어."라고 부정적인 의식을 넣게 된다면, 그 사람은 다른 일에도 에너지가 떨어지게 된다.

걷기는 건강과 행복을 만드는 작은 발걸음이다. 이 발걸음은 언제 어디서든 쉽게 실천이 가능한 운동이다. 새로운 기술이나 기초 동작이 필요하지 않다. 자신의 마음을 지켜나가는 작은 의지력만 있으면 된다. 걷다가 오르막을 만나 힘이 들면 쉬어가도 되고, 또 오래 걷다가 싫증이 나면 그날은 멈추면 된다. 걷기를 위해 따로 장비나 새 운동복을 살 필요는 없다. 거창한 계획을 세우지 말고 가벼운 차림으로 조금씩 걸어서 습관을 키우자. 오늘부터 '내 몸은 내가 살리자.'라는 구호(slogan)를 마음에 새기며 멈추지 말고 걷자. 건강해지려면 이미 건강한 사람처럼 걸으면 된다. 이 글을 읽는 모든 사람들은 작은 걷기의 실천을 통해 더 큰 행복과 삶의 질을 높여 나가길 간절히 소망한다.

## 그대는 우주의 주인공입니다

그대는
세월 속에 흘러가는
하나의 우주입니다.
삶 속에는
기쁨과 노여움,
슬픔과 즐거움이 담겨 있지요.
걸어가는 그 길은
시(詩)가 되고,
노래가 되고,
그대의 철학이 되지요.
오늘은
어제가 만들어 놓은 것,
오늘 하루는
내일의 그대가 됩니다.
곧 다가올 미래가
어제보다 나은 내일이 되길 바라며,
오늘보다 희망찬 내일이 되길 소망합니다.
더 많이 걷고,
더 풍성하고,
더 자유롭고,
더 평화롭고,
더 건강하고 행복하시길 진심으로 갈망합니다.

"Success is not the key to happiness.
Happiness is the key to success.
If you love what you are doing, you will be successful."

– Albert Schweitzer –

# Why, Santiago?

    책의 제목이 "Why, Santiago, 잊혀진 나를 찾아가는 길"이다. 책 제목에서 암시하듯이 나는 '순례자'가 되고 싶었다. 그동안 나는 세상을 등에 지고 정처 없이 살아가는 나그네였다. 콘크리트 정글에서 벗어나 참 자유를 느끼며 살아가고 싶었다. 게다가 참 진리에 목말라하면서 살아온 세상 탐욕의 굴레에서 벗어나고 싶었다. 아니, "진리가 너희를 자유롭게 하리라."란 그 진리를 찾아 나서고 싶었다. 그곳, 내가 간절히 소망한 곳이 바로 스페인 Santiago 800km 순례길이었다.

    정년퇴임을 바로 코앞에 둔 어느 날, 배낭을 꾸리고 파리행 비행기에 올랐다. 프랑스 국경인 생장피에드포르(St. Jean Pied de Port) 출발지에 도착하여 그다음 새벽부터 크로노스의 순례 시간이 시작되었다. 첫날 이른 새벽부터 피레네산맥을 오르고 또 오르고 스페인 땅이 시작되는 국경을 넘어 본격적인 순례길이 시작되었다. 론세스바예스에서 1박 한 후, 쥬비리와 팜플로나를 지나서 용서의 언덕 페르돈(Pardon)을 넘어 부르고스, 레온, 철의 십자가, 오세브레이로를 건너서 사리아에 도착하니, 산티아고까지 100km가 남아 있었다. 그곳까지 이산 저 산을 오르고 내려가고, 끝없이 보이는 들판과 마을을 지나면서 순간순간 경험한 카이로스의 시간, 즉 잊을 수 없는 질적인 순간도 있었다.

누구나 생존하려면 온갖 세상의 굴레에 매이게 된다. 세상엔 인간을 수만 가지로 유혹하고 또 옭아맨다. 그중에 탐욕으로 생긴 것이 가장 흔하다. 따라서 그 어떤 인간도 탐욕이라는 올가미로부터 자유로울 수 없다. 탐욕은 건강한 인간을 유혹하는 악마의 속삭임이 분명하다. 우리는 늘 이것을 경계 삼아야 한다. 그리고 악마의 속삭임으로부터 승리하는 마음의 힘을 길러야 한다.

이 세상은 더 많이 축적하려는 물질욕은 물론, 명성이나 지위 사회적인 인정 등에 목말라하는 명예욕, 권력욕과 지식욕 등 수많은 종류의 탐욕들이 우리들의 삶 속에 항상 존재한다. 그래서 선각자들은 세상의 탐욕을 이겨내는 것은 '자기를 다스리는 길'이라고 교훈한다. 세상에서 만들어진 불완전한 나의 자아로부터 해방되어야 진정한 자신의 자아(self)가 세워진다.

오래전, 나는 미국 유학시절에 뉴욕의 한 교회에서 "진리가 너희를 자유롭게 하리라."란 제목의 설교를 듣고 신앙의 자세가 바뀐 은혜의 순간이 있었다. 마지막 순서에서 "진리를 찾고자 하는 사람 다 앞으로 나오라."라는 목사님의 말씀에 제일 먼저 앞으로 달려나갔다. 그때, 주님을 만나는 카이로스 (Kairos) 시간이 찾아왔다. "눈물과 콧물" 속에서 순간 자아가 무너지고 주님의 피조물이라는 강한 믿음이 생기게 되었다. 이 순간은 필자의 주관적인 경험이지만, 그 강한 믿음은 지금도 마음속에 살아있다.

그 당시, 필자는 한 가정의 가장이자 유학생의 신분에서 그 삶의 무게로 인해 엄청난 스트레스에 노출되어 있었다. 그래서 스트레스로부터 자유스러움을 얻고자 하는 간절함이 마음 구석에 자리 잡고 있었다. 절박한 심정으로 주님 앞에, 두 손을 들고 말았다. 이것이 내가 신앙생활 중 처음으로 특별히 경험한 카이로스 시간이었다. 그 순간은 한 찰라 같았지만, 영원히 잊을 수 없는 특별하고 소중한 순간이었다.

신앙의 태도가 변하면서 삶의 모습도 바뀌기 시작했다. 그동안 피곤하고, 스트레스에 노출된 삶의 무게가 점점 가벼워지기 시작될 무렵, 또 크고 작은 사건과 사고가 이어졌다. 하지만 주님을 향한 열정과 강한 믿음 앞에 모든 문제도 마음의 상처로 이어지지 않았다. 평소에 높은 산이나 절벽처럼 느껴졌던 학위 자격시험은 물론 연구계획서와 박사학위 논문까지 즐겁게 통과되었고, 마침내 생각지도 않았던 서울의 한 대학교 자리까지 만들어졌다. 두 아이와 함께, 온 가족 모두가 그동안 정들었던 뉴욕 생활을 마감한 후, 고국의 새로운 삶이 이어져 나갔다.

한 대학에서 긴 세월이 흐르면서 뉴욕에서 경험했던 그 참 진리에 목말라 했다. 세상 울타리의 삶은 진리와 거리는 멀게 만들었고, 새로운 생존을 위해 동분서주하면서 살았다. 세월이 그렇게 지나가던 중, 정년퇴직을 앞둔 어느 시점에서 세상의 틀 속에서 벗어나고 싶은 용기가 생기게 되었다. 그래서 난, 진리를 찾기 위해 산티아고 800km를 두 발에 의존하여 순례자가 되기를 결심했다. 솔직히 늦은 나이로 생기는 두려움도 있었지만, 멈출 수 없는 새로운 도전이었다.

그 당시 0.1톤이 약간 넘는 체중으로 찾아온 온갖 고난을 인내하면서 마침내

800Km를 완주하는 데 성공했다. 다행스럽게 미국에서 온 소중한 제임스 목사와 동행하는 기회가 찾아왔다. 론세스바이에스에서 레온까지 약 500Km까지 동행해 준 미국 제임스 목사님께 항상 감사를 느낀다. 그는 가는 곳마다 신앙의 본을 보여주어 나의 모습을 더 부끄럽게 만들었다.

최근 나이가 들면서, "지나간 얽매임 들은 다 부질없다."라고 많은 사람이 이야기하는 것을 자주 듣는다. 그렇다. 어떤 사람은 화려했던 과거를 자랑하며 살아가는 사람도 있고, 또 어떤 사람은 이미 지나간 과거의 후회스러움에 매여 사는 사람도 있다. 지나간 것은 지나간 그 시간에 머물러 있기보다는 더 나은 오늘을 만들며 순례자처럼 걸어 나가야 한다. 지나간 시간이나 다가올 미래보다 현재가 가장 소중한 시간이다. 또한, 시간은 양적인 물리적 시간보다 질적인 순간이 인생을 더 바꾸어 놓은 경우가 많다.

아리스토텔레스는 시간의 개념을 두 가지, 즉 크로노스(Cronos)와 카이로스(Kairos)로 구별하여 설명한다. 시간은 양적인 관점과 질적인 관점이 있다고 말한다. 크로노스 시간은 우리가 보통 생각하는 시계를 통해 측정되는 정량적인 개념이다. 이것은 세상이 진행되고 변화하는 시간의 흐름을 말한다. 이는 우리가 일상적으로 경험하는 시간으로, 예정된 일정과 일상적인 활동에 따라 움직이는 시간이다.

그에 반하여 카이로스 시간은 순간적인 깨달음과 철학적 의미를 갖는 시간을 의미한다. 이는 순간적인 경험과 순간의 중요성을 강조하는 질적인 시간을 말한다. 카이로스 시간이란 단순한 양적인 측면의 시간이 아니라 무엇을 깨닫고 인생의 참 의미를 발견하는 가치와 지혜를 창조하는 시간이다. 이것은 순례하는 순간에 느끼는 철학적 시간이자 인생의 의미를 발견하는 소중한 시간이다. 순례하는 동안에 카이로스 시간은 특별한 경험, 감동, 영감을 주는 순간들을 통해 순례자에게 기억에 남는 순간을 선물한다.

여러분이 살아가고 있는 그 주변에서 걷고, 산책하는 것을 습관화하면 삶이 더 풍요로워진다. 이미 순례자가 된 것처럼 말이다. 습관은 여러분의 삶의 새롭게 만들어 주기 때문이다. 걷기는 건강의 지름길인 동시에 정신적인 힘을 낳게 만든다. 신체적인 힘과 정신적인 힘이 하나 되어, 만나는 사람마다 사회적 건강이 퍼져 나간다면, 이 사회는 더 통합되는 큰 에너지가 생기게 된다.

지금까지 이 책에서 걸을면서 느꼈던 많은 상념들은 크로노스 시간에서 얻는 지혜와 생각을 바탕으로 이야기했다. 짧은 글이지만, 순례길을 통해 질적이고 가치 있는 카이로스 시간을 통해 얻은 것이다. 이 글을 읽고 산티아고 순례길 도전에 도움이 필요한 분은 언제든지 연락하면 도움을 드리기로 약속한다. 그동안 졸필을 읽어준 모든 분들께 감사를 드린다.

"Then you will know the true, and the true will set you free."

- John 8:32 -

걷기의 실천은 마음먹기다

# 갈매기의 꿈

봄이 오는 날 문득,
나는 순례자가 되고 싶었다.

더 멀리, 더 먼 곳으로,
창공을 자유롭게 날아다니는
용감무쌍(勇敢無雙)한 갈매기가 되고 싶은
간절한 꿈을 꾸고 있었다.

꽃향기가 온 대지 위에 퍼져나갈
따스한 어느 봄날
이미, 내 마음은 한 마리 갈매기가 되어
그 먼 길을 소리 없이 날아가고 싶었다.

*잊혀진 나를 찾아 가는 길*

어느 날 깊은 잠에서 눈을 뜨고 보니,
800km 순례길 출발점인 프랑스 국경에서
갈매기의 꿈이 현실로 나타나 창공을 날고 있었다.

거대한 산맥과 긴 여정 앞에
내가 이 길을 완주할 수 있을까 하는 두려움은
내 가슴에 남아 있었지만,
아직도 미지의 여정 앞에 설레고 있었다.
마치 마라톤 선수가 출발 지점에서
총소리를 기다리는 것처럼 말이다.

설렘 반 두려움 반으로 시작된
첫날의 피레네산맥은 땀으로 목욕하는
인내의 대가(代價)를 충분히 치렀다.

론세스바예스(Roncesvalles)에서
순례길의 첫 밤을 보냈다.

피레네산맥을 넘어 이곳에 도착한
안도감과 성취감이
나를 더 즐겁게 만들었다.

주비리(Zubiri)에서 팜플로나를 지나고
바람 부는 용서의 언덕(Alto de perdon)을 넘어
여왕의 다리(Puente La Reina)를 만났다.
산길과 들판을 통해 로스 아르코스(Los Arcos),
로그로뇨 (Logrono), 나헤라(Najera),
토산토스(Tosantos)를 경유하면서
유난히 포도밭이 머릿속에 남아있다.

고대 유적지가 발견된
아타프에르카(Atapuerca)를 거쳐
부르고스(Burgos)의 아름다운 대성당을 만났다.
아름답고 웅장한 성당은 처음 본다.

부르고스부터는 메세타 지방을
건너가려면  인내가 필요한 곳이다.
나를 잘 다스리고 통제해야
지루한 메세타 지방을 즐길 수 있다.

부르고스에서 요르니요스(Hornillos),
이테로(Itero), 카리욘(Carrion), 사하군(Sahagun)을 거쳐
레리에고스(Reliegos)에서
또 큰 도시 레온(Leon)을 만나게 된다.

*잊혀진 나를 찾아 가는 길*

레온에서 미국 제임스 목사와
마지막 만찬을 한 후
나머지 약 300km 정도를 혼자 걷기 시작했다.

그다음 날, 지금까지 서로 의지하며
지내왔던 습관에서, 혼자가 되고 보니
제임스 목사가 더 그리워진다.
그리고 그의 신앙심의 깊이를 깨닫게 되었다.
"나 중심보다 타인의 중심으로 베푸는 사랑."

레온에서 새벽에 출발하여
오르비고(Hospital de Orbigo),
아스트로가(Astroga), 산타카타리나(Santa Catalina)를 지나
철 십자가를 만나니 침묵의 눈물이 솟아난다.
이 십자가는 지구촌에서

온 순례자들에게
어루만져주는 자비의 십자가다.
그리고 간절한 소망의 안식처가 된다.

아세보(Acebo)에서 오랫동안
경사진 산길로 내려가다 보면
아름다운 몰리나세카(Molinaseca) 마을이 기다린다.
강물에 비친 언덕 넘어 성당이 순례자들을 반긴다.

폰페라다(Ponferrada)에서
비야프랑카 델 비에로스(Villafranca del Bierzo)를 지나니,
오세브레이로(O'Cebreiro)라는 큰 산을 넘어야 했다.
마지막 힘을 다해 산능선 끝자락에 도착하니,

마음속으로 산티아고가 보이는 것 같았다.
구름으로 덮인 주변의 산과 능선은
자연이 만든 최고의 예술작품임이 틀림없다.

여기부터는 갈리시아 지방이다.
오세브레이로의 큰 산을 넘어가면 사리아(Sarria)를 만난다.
이곳부터는 약 100km 지점이라 마음이 더 즐겁다.
내가 만든 그 목표가 가까이 있다는 것은 나를 더 나 답게 만든다.

사리아에서 뿔뽀를 먹고, 포토마린(Portomarin),
팔라스 데 레이(Palas de Rey), 멜리데(Melide),
아르수아(Arzua)를 지나
목적지 산티아고 대성당을 만났다.
소리 없는 성취감이 몰려온다.

두 눈에서 준비되지 않은 눈물방울이
광장 모퉁이에 떨어진다.
이 눈물은...
나의 역사(歷史)이자 시(Poem)가 된다.
영원히. 내 마음 밭에.

잊혀진 나를 찾아 가는 길

인간의 삶 속에서
가장 중요한 건
빨리 가기보다는
바른 방향으로 제대로 가느냐이다.

내가 가야 할
그 방향이 아니라면
속도가 빨라도 소용이 없다.

방향이 올바르다면
그 걸음이 늦더라도
목적지까지 잘 도착하면 된다.

하지만,
인생에
방향이 잘못되면
아무리 속도가 빨라도
결코
정한 목적지에 도달할 수 없다.

결국, 인생은
빠름보다는 정확한 방향이다.

순례의 길은
감사를 넘치게 만든다.

감사는 은혜를 풍성하게 한다.
또,
잊혀진 나를 발견하는 길이다.

그대가 그동안 잊고 살았던
진리의 길을 찾아간다면
길은 순례자의 나침반이다.

걸으면서
더 먼 곳을 바라보며
소망을 품다 보면,
그대가 찾고 있는
'참 진리'를 발견하게 될 것이다.
그 진리는
그대의 인생을
더 풍요롭게, 더 알차게,
더 행복한 길로 인도하게 된다.

"내게 능력 주시는 자 안에서 내가 모든 것을 할 수 있느니라."

- 빌립보서 4:13 -

잊혀진 나를 찾아 가는 길

## 산티아고, 잊혀진 나를 찾아 가는 길   정가: 18,000원

저   자: 김상국
발행인: 김복환
발행처: 도서출판 지식나무

초판 인쇄: 2023년  12월 20일
초판 발행: 2023년  12월 25일

출판 등록 번호: 제301-2014-078호
주소: 서울특별시 중구 수표로 12길 24
전화: 02-2264-2305
팩스: 02-2267-2833
이메일: booksesang@hanmail.net

ISBN  979-11-87170-59-4

저작권: 김상국, 2023